Förster & Förster

Corporate Wording® 3.0

Förster & Förster

Corporate Wording® 3.0

Kommunikation industrialisieren
Strukturiert texten, Inhalte wiederverwenden

DAS STANDARDWERK SEIT 20 JAHREN
Jetzt mit Startpaketen für die praktische Arbeit.

Frankfurter Allgemeine Buch

Bibliografische Information der Deutschen Nationalbibliothek
Die Deutsche Nationalbibliothek verzeichnet diese Publikation in der Deutschen Nationalbibliografie; detaillierte bibliografische Daten sind im Internet über http://dnb.d-nb.de abrufbar.

Hans-Peter Förster und Andreas Förster

Corporate Wording® 3.0

Kommunikation industrialisieren
Strukturiert texten, Inhalte wiederverwenden

Frankfurter Societäts-Medien GmbH
Frankenallee 71–81
60327 Frankfurt am Main
Geschäftsführung: Hans Homrighausen

Frankfurt am Main 2014

ISBN 978-3-95601-046-0

Frankfurter Allgemeine Buch

Umschlag Anja Desch, F.A.Z.-Institut für Management-, Markt- und Medieninformationen GmbH, 60327 Frankfurt am Main
Satz Jan Hofmann
Titelbild © Thinkstock
Druck CPI Moravia Books s.r.o., Brněnská 1024, CZ-691 23 Pohořelice

Printed in EU

Inhaltsverzeichnis

Vorwort

Vor 20 Jahren sagte Michael Opoczynski, Moderator von ZDF WISO über die Erstauflage von Corporate Wording® (CW): „Ich habe mich in dem Buch fest gelesen und gedacht: Das ist spannend! Der Autor hat etwas mitzuteilen.“ Dieser Aussage schlossen sich inzwischen Tausende Leser an, so dass sich das bewährte Standardwerk nun seiner fünften Auflage erfreut.

Die Jubiläumsausgabe zeigt neue Wege von der unternehmerischen Schreibkultur hin zum kundennahen CW-Engineering – lässt schwarz auf weiß Spuren der bewährten Methoden einfließen, die in den Ausgaben 1994, 2001, 2003 und 2009 fundiert beschrieben wurden und die Grundlage bilden.

Vor zwei Jahrzehnten wurde der Versuch unternommen, CW sehr frei nach Erich Fried in zehn Zeilen zu einem neuen Gattungsbegriff zu kneten und zu formen – und zwar so, dass es allen Lesern passen möge:

Phantastisch, sagt die Spontaneität.
Sinnvoll, sagt die Vernunft.
Investitionswürdig, sagt die Berechnung.
Undurchführbar, sagt die Angst.
Aussichtslos, sagt die Einsicht.
Lächerlich, sagt der Stolz.
Überlegenswert, sagt die Vorsicht.
Denkbar, sagt die Erfahrung.
Corporate Wording ist, was es ist,
sagt der Autor.

Ergänzung 2014:
Und dabei bleiben wir, sagen nun zwei Autoren!

Die Dramaturgie zum Aufbruch in die dritte Generation der unternehmerischen Schreibkultur stellt sich in vier Akten dar: das CW-Fundament, das CW-Kundenmodell, die CW-Textmethode und das CW-Engineering. Ein erkenntnisreiches Leseerlebnis wünschen Ihnen

Hans-Peter Förster und Andreas Förster

Danke an alle, die seit 1994 an den CW-Büchern inhaltlich und gestalterisch mitgewirkt und uns mit Informationen unterstützt haben. Ebenso Dank an alle hinter den Kulissen des Verlages.

1994: Regina Eisele, Charlotte Fröse, Thomas Carl Schwörer

2001/2003: Andreas Brzoska, Dr. Christina Eibl sowie CAAS Institut, Keysselitz GmbH

2009/2014: Danja Hetjens, Bianca Labitzke, Gerhard Rost, Prof. Dr. Michael Thiermeyer

2014: Marcus Acker, PG Barlett, Dr. Axel Grandpierre, Olaf Jäger, Regina Jäger, Gerhard Rost, Prof. Dr. Michael Thiermeyer, Dr. Stefan Wachtel, Peter Philippe Weiss und Christian von Zittwitz für die Gastbeiträge sowie SDL und Quark Inc. für software-technischen Input.

In Erinnerung an:
Benno Keysselitz †
Steffen Schauberger †
Frank Schwörer †

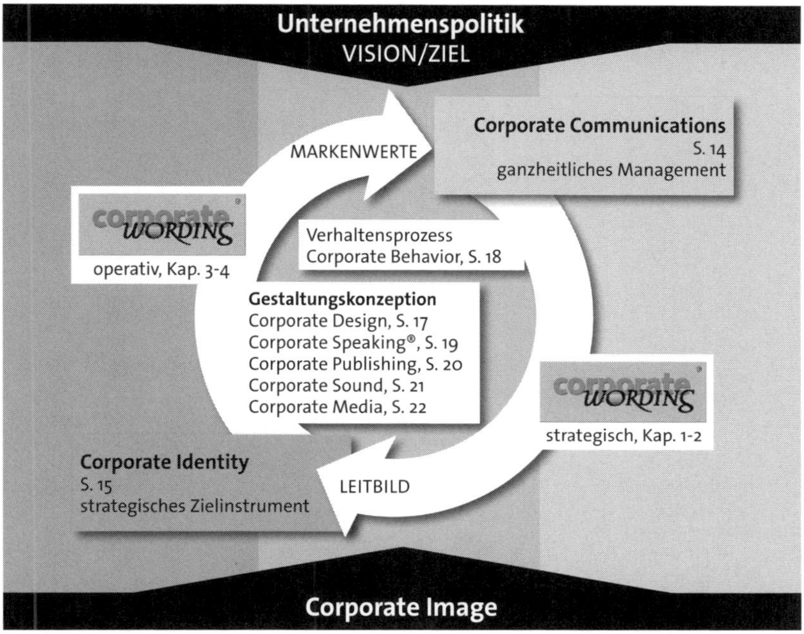

Abbildung 1: Die Hybridfunktion von Corporate Wording in der strategischen und operativen Unternehmenskommunikation (Quelle: Förster & Förster)

1 DAS CW-FUNDAMENT

Das Kapitel für Macher und Strategen.
Es zeigt den Weg von der unternehmerischen Schreibkultur hin zum kundennahen CW-Engineering.

C	T	E	X	T	E	N	X	**D**	**I**	**E**
O	I	D	E	N	T	I	T	Ä	T	**S**
R	W	I	E	B	R	A	U	C	H	**T**
P	X	X	X	E	I	N	E	X	X	**R**
O	M	E	T	H	O	D	E	X	X	**A**
R	K	L	A	R	E	D	E	R	X	**T**
A	P	R	O	F	I	V	I	E	R	**E**
T	F	A	R	B	E	N	X	X	X	**G**
E	X	X	S	P	R	A	C	H	E	**I**
W	**O**	**R**	**D**	**I**	**N**	**G**	®	X	X	**E**

1.1 20 Jahre Corporate Wording

1994 erschien das erste Buch über Corporate Wording. Die Jubiläumsausgabe, die Sie nun in den Händen halten, bietet einen umfassenden Querschnitt über Bewährtes, Gegenwärtiges und Zukünftiges.

Botschaften ein und desselben Absenders klingen – gestern wie heute – höchst unterschiedlich: einerseits flotte Werbe- und Verkaufssprüche, andererseits steifer Duktus in Geschäftsberichten, technisches Unverständnis in Produktbeschreibungen und trockene Tonalitäten in der Kundenkorrespondenz. „Die Geschlossenheit einer unverwechselbaren Unternehmenssprache“ bildete im Erstlingswerk die Messlatte einer künftigen marktdurchdringenden Corporate Identity. O-Ton 1994: „Neben Corporate Design muss endlich dem geschriebenen Wort eine übergeordnete Leitfunktion eingeräumt werden. Die Gegenüberstellung der Eigenschaften von Zeichen (Corporate Design = CD) und Text (Corporate Wording = CW) verstärken die Überzeugung des Autors, dass sich Texte zu Recht einem Corporate-Anspruch stellen müssen.“

1.1.1 Corporate in bester Gesellschaft

Corporate stammt aus dem Englischen „corporation“ und steht für *Gesellschaft* im Sinne einer Firma. Das Wort Gesellschaft steht aber auch allgemein für *Leute, Menschen* und *Interessengemeinschaften.*

In der Unternehmenskommunikation bilden Corporate Design, Corporate Communications, Corporate Behavior, Corporate Speaking®, Corporate Sound, Corporate Publishing und Corporate Media zusammen mit Corporate Wording eine Interessengemeinschaft. Ein Ziel verbindet: den Charakter eines Unternehmens, den die Corporate Identity repräsentiert, zu prägen.

Darum hat sich in dieser Jubiläumsausgabe eine Interessengemeinschaft der besonderen Art zusammengefunden: Sieben Gäste – allesamt engagierte, nachhaltig agierende Experten auf ihrem Gebiet – geben einen Einblick in ihr Thema. In der Summe ergeben deren Rück- und Ausblicke ein Gesamtbild, wie die Zahnräder des Corporate-Getriebes im Idealfall präzise ineinanderlaufen.

Corporate Wording

Marcus Acker
Leiter Kommunikation
Roland Rechtsschutz-Versicherungs-AG

Rückblick
Näher am Kunden, mehr Emotion, verständliche Texte – in den vergangenen zwei Jahrzehnten haben sich schon einige Unternehmen mit ihrer eigenen Sprache beschäftigt. Ob Telekommunikationsdienstleister, Automobilhersteller oder Versicherer: Von einer guten Unternehmenssprache profitieren Unternehmen und Kunden gleichermaßen. Unternehmen steigern ihre Sympathie- und Imagewerte, Kunden kommen in den Genuss verständlicher Texte.

Ausblick
Doch es bleibt viel zu tun. Den zukünftigen Bedarf sehen, lesen und hören wir im Alltag an jeder Ecke. Bürokratische Texte, unnötige Anglizismen und unverständliche Sätze sind ein klares Zeichen: Wir stehen noch am Anfang einer wichtigen Entwicklung.

Auch veränderte Kommunikationswege machen eine durchdachte Sprachstrategie und Fingerspitzengefühl noch lange nicht überflüssig. Das geschrieben Wort bleibt – im Prospekt und Kundenbrief ebenso wie im Forum oder Blog.

In unserer schnelllebigen Welt, in der ein einziger Satz sekundenschnell um die Erde gehen kann; in einer Welt, in der das Internet kaum ein Wort vergisst; in einer Welt, in der es für Unternehmen gilt, sich in immer transparenteren Märkten Vorteile zu verschaffen – in dieser Welt bleibt eine kundenfreundliche Sprachkultur nicht nur wichtig, sie wird weiter an Bedeutung zunehmen.

Corporate Communications

Prof. Dr. Michael Thiermeyer
Ostbayerische Technische Hochschule Amberg-Weiden
CW Senior Consultant

Rückblick

Corporate Communications, anfänglich die Domäne großer Unternehmen, praktizierten in den letzten 20 Jahren nun auch mittlere und kleine Betriebe – das war jedenfalls ihr Anspruch. Richtig verstanden und angewendet will Corporate Communications die zentralen Werte und Ziele des Unternehmens über alle Wahrnehmungskanäle mitteilen – systematisch und konsistent an jede Ziel- und Bezugsperson innerhalb und außerhalb des Unternehmens. Basis dafür sind möglichst wenige, klare und einfache Botschaften. Das Mittel: Integration aller Kommunikationsmaßnahmen über Kanäle und Medien hinweg. Kritisch betrachtet, ist das nur wenigen Unternehmen gelungen: Die meisten kommunizieren zu kompliziert und zu unverständlich, zu wenig deutsch und zu abstrakt, zu wenig anschaulich und zu floskelhaft. Botschaften bleiben beliebig und austauschbar, statt prägnant und einzigartig – häufig kaum oder nur schlecht über Kanäle und Medien abgestimmt.

Ausblick

In der Unternehmenskommunikation wird das Verwerten und Steuern von Inhalten zusehends wichtiger: Mächtige Software-Werkzeuge sollen die Content-Flut in den richtigen Kanal leiten – wirksam und passgenau auf eine möglichst kleinteilige Zielgruppe zugeschnitten, inklusive Rückkanal und permanenter Modulation der Botschaft mittels Reaktion der Zielgruppe darauf. Content Marketing und Content Engineering sind die zwei bedeutenden Disziplinen hierzu; die zentrale Steuereinheit ist das Internet. War bisher die Anziehungskraft des Bildes im Fokus der Corporate Communications, wird das Wort wieder als wichtig wahrgenommen. Schließlich bleiben wohlgeformte Botschaften das Fundament der Unternehmenskommunikation – trotz aller technischer Finesse beim Verwalten der Inhalte. So braucht das wiederentdeckte Erzählen als Form des Mitteilens von Zielen und Werten des Unternehmens, neudeutsch Storytelling, das Wort, den gut geschriebenen Text, die wohlformulierte Rede: klar und verständlich, einprägsam und bildhaft. Doch das Können dazu wird zusehends rarer – eine Herausforderung der nächsten 20 Jahre beim Heranbilden des Nachwuchses für Corporate Communications.

Corporate Identity

Gerhard Rost
Geschäftsführer
Keysselitz GmbH, München

Rückblick
Corporate Identity zielte auf den visuellen Aspekt des Erscheinungsbildes und kam dabei in den verschiedensten Bereichen der Unternehmenskommunikation zum Tragen. So wurde bereits sehr früh die Außendarstellung von Firmen etwa durch den Einsatz einheitlicher Kleidung gestaltet; ein Beispiel hierfür sind Uniformen, wie sie bei Verkehrsunternehmen, Restaurantketten oder anderen Unternehmen eingesetzt werden. Neben dieser Corporate Fashion entstand unter anderem eine Corporate Architecture: Den Gebäuden kam dabei nicht nur eine funktionale und ästhetische Funktion zu, vielmehr dienten sie immer auch der visuellen Präsentation eines Unternehmens und seiner Philosophie.

Ausblick
Corporate Identity orientiert sich stärker denn je an den Corporate Communications, mit denen sich ein Unternehmen nach innen und vor allem nach außen präsentiert und kommuniziert. Strategische wie koordinierte Kommunikation bildet eine zentrale Säule der Unternehmensidentität. Diese wird zum einen geprägt von der visuellen Wahrnehmbarkeit, dem Corporate Design, aber – was vielfach übersehen wird – auch von der *Leistung* und dem *Verhalten* einer Firma: Je präziser die drei Faktoren *Konzeption, Konsistenz* und *Kompetenz* verzahnt sind, desto harmonischer wird die Identität wahrgenommen. Dies erfordert ein bereichsübergreifendes, zentrales Management, wie etwa die Markenführung, das diese drei Faktoren zur Positionierung überall durchsetzt und ganzheitlich vernetzt.

Zu einer kohärenten visuellen wie inhaltlichen Identität gehört auch künftig vorrangig die systematische Gestaltung der Primärkommunikation. Zu dieser zählen die komplette Geschäftsausstattung mit Wortmarke, Bildmarke oder Wort-Bild-Marke, die Informationspolitik und die Werbung eines Unternehmens.

Die auf der Primärkommunikation aufbauende Sekundärkommunikation umfasst einen sehr viel weiteren Bereich, zu dem etwa

Merchandising, Corporate Publishing, Sponsoring, aber auch Industriedesign oder mehr denn je das Zusammenspiel digitaler, sozialer Medien gehören.

Ein konsistentes Erscheinungsbild erkennt man daran, wie konsequent es durchdacht wurde: markante Corporate Identity, markenprägender Sprachstil, Konsistenz im Verhalten, Qualität in der Leistung – all das erhöht den Wiedererkennungswert. Es beginnt schon im Detail: Kann beispielsweise ein Kranich problemlos gespiegelt werden, so dass er auf der gegenüberliegenden Seite in die richtige Richtung fliegt? Dabei ist das Prinzip einer Corporate Identity immer auf ein bestimmtes ganzheitliches Ziel ausgerichtet. Ein willkürlicher Einsatz bestimmter Ideen oder Gestaltungselemente verbietet sich.

In diesem Zusammenhang wird eine systematische und nachhaltige Markenführung betrieben, das heißt, dass eine Marke systematisch weiterentwickelt und ein stärkeres individuelles Profil entwickelt wird. Dabei wird das Konzept einer Marke immer wieder genau überprüft, gegebenenfalls korrigiert und in der Folge konsequent umgesetzt: Im Zuge dieses komplexen Prozesses steigern sich Konsistenz und Markentiefe kontinuierlich. Eine durchdachte Corporate Identity geht von klaren Konstanten aus, wie Farbe, Form, Inhalt, Verhalten und Leistung. Durchgängige Qualität und Funktionalität gewährleisten eine Unternehmenskommunikation, aus der sich eine einmalige Identität manifestiert.

Corporate Design

Dieser Gastbeitrag setzt sich formal von den anderen ab.

Haben Sie ihn gerade deswegen begonnen zu lesen? Hilft Ihnen die andere Form dabei, sich den Inhalt besser merken zu können? Gibt sie Ihnen die Möglichkeit, diesen Beitrag beim Durchblättern schneller zu finden?

1

Vielleicht liegt es daran, dass der Erfolg von Maßnahmen im Bereich des Corporate Designs schwer zu messen ist und sich (wenn) erst längerfristig abbildet. Tatsächlich blieben die Unternehmen in den vergangenen Jahren hier weit hinter ihren Möglichkeiten. Dennoch hat sich einiges getan und die Erkenntnis der absoluten Notwendigkeit, Unternehmenswerte für die Menschen sicht- und erfahrbar zu machen, setzt sich immer mehr durch. Gleichzeitig wurde und wird dieser Prozess vom Medienwandel rechts und links überholt.

Für den Erfolg von CD- und Kommunikationsprozessen ist dies durchaus auch förderlich, da es Unternehmen und Agenturen vermehrt zwingt, sich intensiver mit ihrem Fremdbild auseinanderzusetzen.

2

In dieser sich rasant verändernden Medienwelt ergeben sich vor allem Chancen. Letztendlich möchten Unternehmen Menschen erreichen und begeistern – und die Möglichkeiten, Menschen zu erreichen und mit ihnen sogar im Dialog zu kommunizieren, nehmen zu.

Je unübersichtlicher Märkte werden, desto wichtiger ist es, die gesamte Kommunikation nachvollziehbar und nachhaltig mit Werten, Haltung und Handlungen in Übereinstimmung zu bringen. Und sie muss heute umso attraktiver sein, um wachsenden Ansprüchen gerecht zu werden.
Nur wenn Unternehmen verstehen was Menschen bewegt, wird die Markenkommunikation als Verbindung zwischen Produkt und Konsument funktionieren.

Entscheidend ist dabei vor allem eines: Agilität. Das umfasst die motivierte Auseinandersetzung mit den sich verändernden Möglichkeiten und die Bereitschaft, die Maßnahmen des Corporate Designs als sich veränderndes Instrumentarium zu verstehen. Hochwertige und leidenschaftliche Markenkommunikation ist mehr denn je eine Investition, die sich langfristig rechnet.

Kurz gesagt: Man muss sich kümmern.
Mit Hingabe.

jäger&jäger

Corporate Behavior

Dr. Axel Grandpierre
Change-Management-Berater bei MPuls®, Stuttgart

Rückblick
Wovon hängt menschliches Verhalten in Unternehmen ab? – Auf diese Frage haben Generationen von Forschern und Praktikern Antworten gegeben, unser Wissen darüber erweitert und manches erreicht. So wurde in vielen Unternehmen die Personal- und Führungskräfteentwicklung aufgewertet, eine interne Beratung oder Change-Management-Abteilung aufgebaut.

Ausblick
In vielen Branchen verlangen immer höherer Wettbewerbsdruck und rapide Wissensveränderung schnelle Lernprozesse und Problemlösungen nahe am Kunden, die kaum noch zentral gesteuert und plangenau zu erreichen sind. Wie also können Unternehmen im Wettbewerb bestehen? – Durch enorme Anpassungsleistungen und wirksameren Einsatz ihrer Ressourcen. Dazu gehören auch Führungskräfte und Mitarbeiter mit ihren Fähigkeiten und vor allem ihrer Bereitschaft. Denn im Verhalten wird – eine grundsätzliche Qualifikation vorausgesetzt – vor allem sichtbar, wozu Menschen mehr oder weniger bereit sind. Wozu sie darüber hinaus fähig wären oder wofür sie sich mit ganzer Kraft einbringen würden, bleibt oft nur vermutetes Potential.

Die Bereitschaft von Mitarbeitern und von Führungskräften zu selbstgesteuertem Lernen erscheint zukünftig als entscheidende Verhaltensressource, um Veränderungen zu bewältigen. Bei geringer Planbarkeit wird das eigenverantwortliche kompetente Handeln des Einzelnen immer wichtiger. Eigenverantwortliches und kompetentes Handeln heißt dann aber auch: abgestimmt mit Führungskraft und anderen Stakeholdern auf der Basis eines gemeinsamen Verständnisses von Gründen und Zielen der Veränderung. Auf diese Weise kann sich in einem Team oder Unternehmen die Überzeugung entwickeln, dass genügend Motivation und Kompetenzen vorhanden sind, um durch gemeinsames Handeln ein herausforderndes Ziel tatsächlich erreichen zu können. Kollektive Bewegung von innen erfordert die richtige Balance: So viel Fremdsteuerung wie nötig und so viel Selbststeuerung wie möglich.

Corporate Speaking®

Dr. Stefan Wachtel
Begründer von Corporate Speaking®
Executive Coach bei ExpertExecutive, Frankfurt am Main

Rückblick
Corporate Speaking heißt reden im Auftrag von Unternehmen. Nach zaghaften Anfängen, als erste Unternehmen auch externe Sprecher und Coachs beauftragten, ist der Stellenwert der mündlichen Kommunikation als Baustein der Identity gestiegen. Professionelle hochkarätige Sprecher erhöhen den Wert von Firmen-Events.

Ausblick
In den USA gehören Corporate Speaker seit langem zum selbstverständlichen Repertoire von Unternehmensauftritten. Inzwischen ist das Management von Sprechern internationalisiert. Mindestens ein europaweiter Speaker wird sich in den nächsten Jahren herausbilden. Unternehmen werden zunehmend internationales Top-Expertenwissen nachfragen, das aus dem Mund des Urhebers kommt.

Schließlich wird auch die rhetorische Qualität steigen. Nicht jeder Trainer, Coach oder Referent wird als Corporate Speaker bestehen können. Social Media wird dem Corporate Speaking zusätzlich einen Turbo verschaffen. Dahinter steht empirisch Gestütztes. Mündliche Auftritte sind den schriftlichen überlegen, wo es um starke Eindrücke in kurzer Zeit geht. Seit man sie fast unbegrenzt verbreiten kann, allemal. Die Entwicklung des Corporate Speaking zeigt: Die Industrialisierung der Kommunikation geht einher mit einer Professionalisierung der Rhetorik.

Corporate Publishing

PG Bartlett
Senior Vice President of Product Management
Quark Europe Ltd., Hamburg

Rückblick
Die Anforderungen beim Erstellen hochwertiger Kommunikationsmittel sind in den letzten 20 Jahren schnell gestiegen. Unternehmen verkaufen mehr Produkte in mehr Varianten in genauer definierten Märkten in mehr Regionen weltweit und mit kürzeren Produktlebenszyklen. Gleichzeitig sind Medienformate hinzugekommen: Neben gedruckten Medien und Internet gibt es noch eine atemberaubende Vielzahl mobiler Geräte und Ausgabeformate für Social Media.

Ausblick
Für die Unternehmen genügt es nicht, nur mehr Geld zu investieren und dem Publishing mehr Zeit zu widmen, um diese größer werdenden Ansprüche zu erfüllen. Sie müssen einen Weg finden, ihre Publishing-Prozesse zu verbessern und die Markteinführungszeit zu verkürzen, die Qualität zu steigern und die Informationen über alle Medien zur Verfügung zu stellen, während die Kosten gleich bleiben oder sogar sinken.

Dieses Dilemma kann zum großen Teil durch die Übernahme eines Systems gelöst werden, das die Prozesse optimiert und automatisiert. Das Veröffentlichen der gesamten Unternehmenskommunikation ist jedoch nicht das Problem einer einzelnen Abteilung und kann deshalb nicht durch eine Lösung für eine Abteilung bewältigt werden. Da der Publishing-Prozess nicht nur das Publishing, sondern mehrere Abteilungen umfasst, müssen Änderungen auf der Unternehmensebene durchgeführt werden.

Corporate Sound

Peter Philippe Weiss
Inhaber & Designer der Corporate Sound AG, Basel

Vor 20 Jahren: Der „Corporate Sound“ wurde ins Leben gerufen!
Das Thema der auditiven Identität gibt es seit tausenden Jahren: Trommeln, Hörner, Glocken, Fanfaren und weitere Instrumente wurden als identitätsstiftende Elemente eingesetzt. Mit der Erfindung des Radios entstand allmählich die Tradition der „Jingles“ in Form von gesungenen „Station-IDs“. Das Konzept des „Corporate Sound“ wurde nach einer Entwicklungsphase 1994 in die Tat umgesetzt und stellte sowohl eine neue Qualität als auch eine funktionierende Systematik für Produktion und Handhabung aller auditiven Erscheinungsformen eines Unternehmens dar – ähnlich einer Corporate-Design-Systematik.

Heute: Eine bekannte Marke hat Corporate Sound integral realisiert
Obwohl inzwischen im Bereich Corporate Sound/Soundbranding einiges passiert ist, sollten die lauten Soundlogos der Telekommunikations- und Autokonzerne nicht darüber hinwegtäuschen, dass das Thema Corporate Sound als ein strategisches Element der Markenführung in der breiten Wirtschaft noch immer kaum existiert. Ein bloßes Soundlogo stellt keinen Corporate Sound dar. Audi ist immer noch weltweit das erste und einzige Unternehmen, welches bislang einen integralen Corporate Sound realisiert hat.

Morgen: Corporate Sound als „Soundtrack“ des Unternehmens
Das Storytelling in der Markenkommunikation wird immer häufiger filmische Elemente aufweisen: im Internet und in der mobilen Kommunikation mit Filmen, Bildwelten und Animationen, in räumlichen Anwendungen in Shops, auf Messen und bei Events und mit intermedialen Inszenierungen. Dabei wird der „Soundtrack“ dieser Unternehmens-Inszenierungen eine immer wichtigere Rolle spielen: In Form eines Corporate-Sound-Systems, das anstelle von Musik immer mehr mit szenischen Klangwelten arbeitet. Die Marke und das Unternehmen werden kein „Stummfilm“ mehr sein. Beide werden das ganze emotionale, narrative, imaginative und räumliche Potential der auditiven Dimension erkennen und strategisch nutzen – und damit die Wirkung ihrer gesamten Kommunikation potenzieren.

Corporate Media

Christian von Zittwitz
Herausgeber und Chefredakteur BuchMarkt, Meerbusch

Rückblick
Wir registrieren, dass sich (nicht nur) die Medienbranche in einem noch nie dagewesenen Tempo verändert. Wir leben in einer Zeit des Paradigmenwechsels, wie es ihn so seit der Erfindung des Buchdrucks noch nie und so schnell gegeben hat.

Ausblick
Die zunehmende Digitalisierung der Inhalte schafft zwar verblüffende neue Chancen und Möglichkeiten. Der gleichzeitig aber atemberaubende Wandel der Verbrauchergewohnheiten stellt nicht nur alle Unternehmen der Medienbranche, sondern in besonderem Maße alle Unternehmen des Handels vor große Herausforderungen.

Diese Probleme sind nicht mehr allein zu lösen – und als Verlagsunternehmen kann man wohl nur mit Leidenschaft und Begeisterung versuchen, die eigenen Qualitätsstandards solange als Benchmark der eigenen Ziele zu nehmen, bis sich neue Standards stabilisiert haben. Meine Behauptung allerdings: „Print" ist in Sachen Nachhaltigkeit allen „neuen" Medien wenn vielleicht nicht überlegen, dann doch wenigstens unverzichtbarer Baustein jeder Kommunikation.

1.1.2 Kommunikation industrialisieren?

Lange bevor die erste Manuskriptseite geschrieben war, löste der Untertitel „Kommunikation industrialisieren" bei Geschäftsfreunden einige Diskussionen aus. Vielfach entstanden Kopfbilder und Assoziationen rund um die Fließbandarbeit. Daher eines vorweg: Das Industrialisieren von Kommunikation stellt keinen Widerspruch zum individuellen Dialog mit Mitarbeitern und Kunden dar. Ganz im Gegenteil: Erst dadurch wird zielgruppenrelevantes Informieren und Kommunizieren möglich! Schauen wir zunächst in das Wörterbuch:

in|dus|tri|a|li|sie|ren
a) mit Industrie versehen, in einem Gebiet Industrie ansiedeln
b) industrielle Herstellungsmethoden in einem Produktionsbereich, einem Betrieb o. Ä. einführen

Übertragen auf Corporate Wording der dritten Generation verstehen wir unter „industrialisieren" eine Methode, welche die *Schreibprozesse vereinfacht,* die *Informationsflut reduziert* und die *Unternehmenskommunikation individualisiert* – markenstark und relevant für den individuellen Empfänger.

Aus der Branche Finanzdienstleistungen kennt man Projekte, welche die Produktivität unter Beibehalten der aktuellen Mitarbeiterzahl steigern. Dies geschieht beispielsweise mit Hilfe des Automatisierens von Prozessen, eines standort- und kanalübergreifenden Verteilens von Geschäftsvorfällen und des Einführens einer kennzahlenbasierten Steuerung. Angelehnt an das theoretische Konzept des Wirtschaftswissenschaftlers Michael Porter sind aus unserer Sicht heute Kommunikationsschritte wie Produktionsschritte zu sehen, die aufeinanderfolgen und sich gegenseitig benötigen. Dabei werden Ressourcen verbraucht (Schreibprozesse, Textoptimierung, Übersetzungen etc.). Ziel all dieser Aktivitäten ist es, Werte in der industrialisierten Kommunikation zu schaffen – wie bei der Produktion.

Abbildung 2: Corporate Wording 3.0 in der Wort- und Wertschöpfungskette, angelehnt an Michael Porters Wertschöpfungskette (Quelle: Förster & Förster)

Das Einhalten von sprachlichen Standards und das Einbinden von Lebenswelten, sozialen Milieus, Kundentypologien und Kontaktpunkten in der Wertschöpfungskette sind Grundlage für das gewinnbringende Image eines jeden Unternehmens. Daran wird kein Unternehmen mehr vorbeisteuern können.

- Worte schaffen Werte.
- Am Ende der Wort- und Wertschöpfungskette steht die Gewinnmarge oder ein Verlust.
- Worte beeinflussen unternehmerischen Erfolg.
- Die Macht der Worte ist mächtiger als die der Zahlen und greift überall ein. Dies wird im Wetteifer mit Zahlen auf dem Börsenparkett oft übersehen.
- Eine irrige wie kostspielige Auffassung: „CW ist ein Nice-to-have und bringt keinen Return of Investment."

Ein Umdenken des Managements wird bei solchen Unternehmungen überlebenswichtig sein. Die Gründe nennen wir im ersten Kapitel mit Fokus auf die Markenidentität, im zweiten Kapitel mit Fokus auf die Kunden, im dritten bieten wir Pragmatisches für die Mitarbeiter und im vierten Kapitel nennen wir rationale Argumente für prozessorientiertes Handeln.

Heute sind Unternehmen gefordert, eine Strategie zu entwickeln: Wie lassen sich Inhalte künftig effektiv und effizient gestalten, verwalten und mit Interessenten, Kunden und Partnern gezielt teilen? Die Qualität der Strategie wird signifikante Auswirkungen auf den Umsatz und den Gewinn haben. Wenn Interessenten sofort ihre gewünschten Informationen im passenden Medienformat finden, sparen Unternehmen echtes Geld. Kunden tendieren gern zum „Self-Service", wenn sie über das Internet einfachen Zugang zu verständlichen Informationen erhalten. Umständlicher Zugang und unverständliche Informationen können bestenfalls zur Folge haben, dass der Kunde beim Service-Center anruft. Doch jeder Anruf kostet die Unternehmen Zeit und Geld. Schlimmstenfalls bedient sich der Kunde anderswo im Internet und wandert ab.

Auf Nachhaltigkeit und auf die Kunden ausgerichtete Unternehmen erkennen, dass sie traditionelle Methoden und Werkzeuge für das Erstellen, Verwalten und Verteilen von Informationen zugunsten einer neuen Methodik aufgeben müssen. Vor allem in Technologieunternehmen sind bereits seit geraumer Zeit Begriffe wie „Structured Content", „Topic-based Authoring", „Smart Content" oder „Intelligent Content" im Alltag angekommen. „Regelbasiertes Schreiben" ist bei Mitgliedern der Gesellschaft für Technische Kommunikation, Tekom, längst kein Fremdwort mehr. So decken sich die bisherigen Ausführungen mit den Zielen der 2013 neu aufgelegten Tekom-Leitlinie: *Kostensenkung, kürzere Durchlaufzeiten* und *Erhöhen der Textqualität*. Die 168 Seiten richten sich an Redaktionsverantwortliche und Informationsentwickler in Organisationen, die textliche Qualität und Konsistenz ihrer Technischen Kommunikation sichern und ausbauen wollen. Aus unserer Sicht ein vernünftiger, guter Schritt, aber leider nur auf einen Unternehmensbereich fixiert.

1.1.3 Die dritte CW-Generation

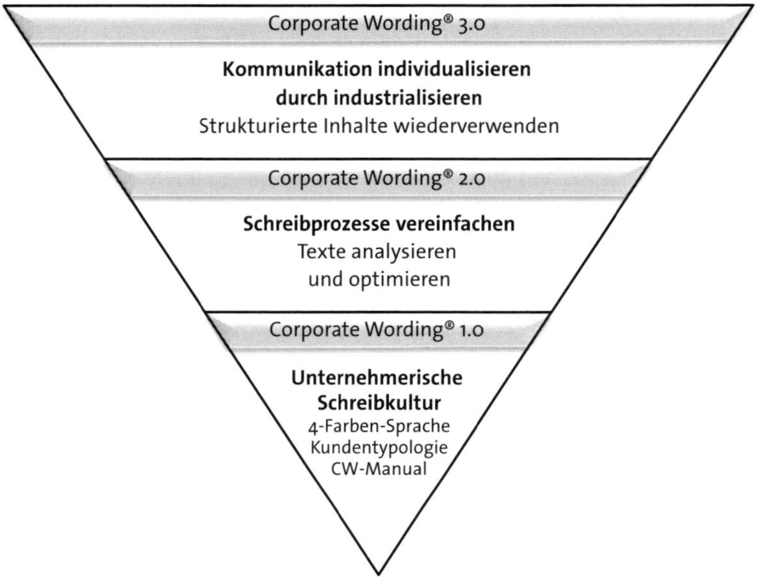

Abbildung 3: Die drei CW-Generationen (Quelle: Förster & Förster)

1994 stand die unternehmerische Schreib*kultur* im Vordergrund. Kultur als Notwendigkeit, nicht als Luxus:

> *„Corporate Wording ist die Kultivierung des schriftlichen Ausdrucks und für Unternehmen ein Kommunikationsinstrument, das seiner Identität zugutekommt. Es fördert mit einem regen und farbigen Vokabular Dialoge in Werbung, Vertrieb und Verwaltung; vermittelt Emotionen, weckt Assoziationen und beeinflusst Kaufentscheidungen. Reizwörter mit großer Bildhaftigkeit und hohem Bedeutungsgehalt bilden die Basis. Corporate Wording ist kein wissenschaftliches Konzept, es benutzt aber die Erkenntnisse der Bildkommunikation, Gehirn-, Verhaltens- und Imagery-Forschung, neuere Daten und Ergebnisse aus Wortnormierungsstudien sowie der psychologischen Farben- und Typenlehre. Die Geschlossenheit einer homogenen unverwechselbaren Unternehmenssprache ist künftig die Messlatte einer marktdurchdringenden Corporate Identity. Neben Corporate Design wird dem geschriebenen Wort eine übergeordnete Leitfunktion eingeräumt.“*

Corporate-Wording-Pionier war 2004 der Spiele- und Buchverlag Ravensburger AG. Das erste Unternehmen, das die damals frisch publizierte Strategie umgesetzt hat. Die damalige Vorstandsvorsitzende, Dorothee Hess-Maier, begründete ihr CW-Engagement so:

> *„Wir geben vielseitige Botschaften – schriftlich wie mündlich – an die Außenwelt und richten sie auch nach innen. Wenn unverständliche Computerausdrucke an den Kunden gehen, wenn wir Mitteilungen an unsere Mitarbeiter verfassen, wenn wir ‚hochachtungsvoll' grüßen oder ‚Tschüs' an einen Autor schreiben, dann hat das mit Kommunikation und noch präziser mit Wording zu tun, der Formulierung, dem gewählten Wortlaut, mit dem persönlichen Stil und dem Geist unseres Hauses. Corporate Wording zeigt den Weg zu einer homogenen Unternehmenssprache."*

Und 20 Jahre später ist allseits bekannt:

> *Jede Unternehmung braucht eine markante Identität, wenn es auf lange Sicht erfolgreich sein will.*

Doch immer noch vielfach verkannt:

> *Mit Sprach-Pauschalität setzen Unternehmen jährlich Milliarden in den Sand.*

Die häufigste Antwort darauf, mit steigender Tendenz:

> *„Uns bleibt keine Zeit für den durchgängigen Textschliff in allen Abteilungen."*

Die Welt ist in den vergangenen 20 Jahren erheblich komplexer geworden. Der Übergang von einer hierarchischen zu einer modularen Unternehmensform ist zu beobachten. Durch Einsatz technischer Innovationen steigt der Anteil des Automatisierens von Inhalten.

Das heißt, die Entwicklung geht von der einstigen Schreibkultur hin zur Textmodul-Produktion! Kürzere Laufzeiten vom Erstellen bis zum Verbreiten von Inhalten sind gefragt (kürzere Time-to-Market), ebenso intelligente Lösungen für kundenrelevante Inhalte, markenkonforme Kommunikation, terminologische Konsistenz und vereinfachte Dialogprozesse.

1.2 „Einheitliche Sprache“ schafft keine Identität

Gravierend sind in der Regel die Unterschiede zwischen dem, was ein Unternehmen in seiner Kommunikation behauptet, und dem, was davon verstanden wird. Die Rede ist von den Differenzen zwischen Eigenbild und Fremdbild. Letzteres nimmt man ungern wahr, also wird das Problem umgangen.

Produkte und Leistungen kommen und gehen, verändern sich und ihre Märkte. Was in der Regel bleibt, ist das Unternehmen. Erst dessen Identifikation bringt den Erfolg. Sprache prägt Identität. Als zwischen Ende der 1980er und Anfang der 1990er Jahre Corporate Design und Corporate Identity aus den angelsächsischen Ländern in Deutschland Einzug fand, hatte man die Sprache links liegen gelassen.

Jemand beteuert:
Uns kennt doch jeder!
Wir fragen: Was weiß jeder von Ihnen?

Jemand überzeugt:
Wir sind besser als die Konkurrenz!
Wir fragen: Sehen das Ihre Kunden genauso?

Jemand jubelt:
Unsere Werbung ist witzig!
Wir fragen: Freut sich Ihr Umsatz?

Jemand verbreitet:
Wir haben ein ausformuliertes CW-Manual!
Wir fragen: In wessen Schublade schlummert es?

Jemand sagt:
Bei uns steht der Mensch im Mittelpunkt!
Wir fragen: Woran erkennen das Ihre Kunden in einer Mahnung?

Jemand behauptet:
Unsere Mitarbeiter wissen, was sie zu schreiben haben!
Wir fragen: Wissen sie auch, warum?

Diese und ähnliche Fragen führten zur Begründung von *Corporate Wording* – anfänglich verknüpft mit der Botschaft, dass Corporate Identity eine klare Sprache erfordert: Identität braucht eine markenstarke, kundenrelevante Unternehmenssprache.

Stärker differenzieren, Dialoge individualisieren und gleichzeitig durch Standards Zeit sparen sowie Kosten reduzieren – das sind unternehmerische Ziele, die mit Corporate Wording zu erreichen sind. Mit einer „einheitlichen Sprache“ – auf die sich manche Agenturen, Berater und Texter in Zusammenhang mit Unternehmenssprache oberflächlich beschränken – hat das nichts zu tun. Unternehmer und Mitarbeiter, die sich von solchen Anbietern und Trittbrettfahrern in ein Sprachkorsett zwingen lassen, verlieren ihre Identität, da diese Vorgehensweise alles andere als Authentizität fördert! Um genau das zu verhindern, stehen das *Sprachklima*, der *Wortlaut* und der *Sprachstil* im Mittelpunkt, welche Corporate Design und Corporate Behavior unterstützen. Das Definieren, Regeln und Gestalten dieser drei Komponenten beschreiben wir in den folgenden Abschnitten.

1.2.1 Sprachklima definieren

Werte und Leitbild werden in der gesamten Organisation „übersetzt“. Das Sprachklima, die Atmosphäre – der Eindruck, den der Leser gewinnt – werden durch den *Wortlaut* und den *Sprachstil* in seiner Gesamtheit geprägt.

Um subjektiv erlebtes Sprachklima bewertbar zu machen, wurde 1994 ein CW-Modell geschaffen, das vier wesentliche Grundfunktionen der Sprache abbildet: Die *Informations-*, *Garantie-*, *Erlebnis-* und *Kontaktfunktionen*. Damit gelingt es, den richtigen Mix in allen Unternehmensbereichen herzustellen und eine markenkonforme, für Mitarbeiter und Kunden relevante Kommunikation sichtbar und begreifbar zu machen. Im zweiten und dritten Kapitel beschreiben wir, wie das praktisch funktioniert.

1.2.2 Wortlaut regeln

Beim Wortlaut dreht es sich um das Festlegen der Rechtschreibung, wenn sich mehrere Schreibweisen bieten, sowie um Terminologie. Dabei geht es bei CW nicht nur um Fachsprache, sondern auch um markante, identitätsprägende Terminologie. Sprachsensible Unternehmen legen auf den Wortlaut großen Wert. Beispiele:

Casino statt Kantine
Gästekarte statt Besucherausweis
Gastgeber statt Veranstalter
Kunde statt Versicherungsnehmer

Ein Problem, das die Rechtschreibung betrifft und vielfach verkannt wird, sprechen wir im vierten Kapitel (Seite 168ff.) an und zeigen Lösungen.

1.2.3 Sprachstil gestalten

Sprachstil wird häufig mit dem Stil der Gebrauchs- und Alltagssprache gleichgesetzt (neben Stilbegriffen der Architektur, Kunst, Musik oder des Verhaltens). Der Duden Band 2 „Das Stilwörterbuch" nennt Beispiele dazu: „ein *gewandter, flüssiger, gepflegter, schlechter, schwerfälliger, holpriger, hölzerner* Stil; sein Stil ist *steif, gespreizt, trocken;* der Stil seiner Briefe ist *knapp, lebendig;* sie hat, schreibt ihren *eigenen,* einen *eigenwilligen,* einen *unbeholfenen* Stil; das Buch ist in einem *heiteren* Stil geschrieben.

Es ist schwierig, wenn nicht gar unmöglich, Stil zu normieren und zu objektivieren, weil sich Stilbewertungen meist auf die Textmerkmale beziehen und die Lesermerkmale außer Acht lässt. Wir befassen uns mit diesem Thema im zweiten und dritten Kapitel.

1.3 Wann müssen Projektleiter handeln?

Viele Unternehmen haben überzeugende Corporate-Programme für ihr Auftreten nach außen realisiert. Selten ist ein allumfassendes Corporate-Programm (Design, Identität, Kommunikation, Verhalten etc.) installiert, das innen wie außen wirkt. Oft ist und war es unumgänglich, mit Einzelmaßnahmen zu beginnen, die aus einem aktuellen Bedarf entstanden sind. So ist heute im Management bei akuten Kommunikationsdefiziten die Annahme verbreitet, dass schnelles Handeln wichtiger sei als ein allumfassendes Fundament, dessen Konzeption und Implementierung naturgemäß etwas mehr Zeit beansprucht, aber weit nachhaltiger wirkt.

Andererseits können Fehler – große wie kleine – schneller erfasst und bewusst gemacht werden. Lösungskonzepte lassen sich entwickeln, sobald die Ursachen ergründet wurden. Aus den Ergebnissen lassen sich Maßnahmen ableiten, die dann zu realisieren sind. Wichtig ist, dass ein einzelner Baustein so angelegt wird, dass dieser jederzeit ohne Änderungen nahtlos Stufe um Stufe erweitert werden kann. Das setzt ganzheitliches Denken in Teilprojekten voraus.

Wir haben aus unserer Projektpraxis drei Unternehmen ausgewählt, die beispielhaft zeigen, welche Teilmaßnahmen umgesetzt wurden, nachdem Probleme und deren Ursachen erkannt wurden:

Unternehmen A

Ausgangssituation:
Es ist längst selbstverständlich, dass alle Geschäftsdrucksachen von uns ein einheitliches Aussehen haben und unserem festgeschriebenen CD entsprechen. Die Sprache wurde dabei vernachlässigt. Das führte zu häufigen Verständnisfragen über die Telefon-Hotline und zu Kundenreklamationen durch missverständliche Kundenkommunikation.

Unsere jährlichen Kundenbefragungen und eine Prüfung aller schriftlichen Informationen durch die Abteilung „Interne Revision" haben ergeben, dass es beim Briefkontakt Verbesserungspotential gibt – unter anderem, was Verständlichkeit und Aussagekraft betrifft. Um die Unternehmenssprache einzuführen, hat sich ein Projektteam gebildet.

Maßnahmen:
In einem ersten Schritt wurden 100 Dokumente extern im CW-Textlabor analysiert. Die Analyse zeigte etliche Schwachpunkte. In einem zweiten Schritt haben wir unsere Vision und unser Unternehmensleitbild prüfen lassen. Darin finden sich Wörter, die klar sagen, wie wir wahrgenommen werden wollen – zum Beispiel kompetent und zuverlässig, kundennah und zukunftsorientiert. Diese Werteattribute werden nun konsequent angewendet, in dem wir uns dabei der Vielfalt der deutschen Sprache bedienen.

Wir haben dann zwei Lehrgänge gestartet. Diese richteten sich an „Vielschreiber". Wir haben sie „Profitexter" genannt. Diese Mitarbeiter sollten besonders für unsere typische Unternehmenssprache sensibilisiert und in Sachen Theorie fit gemacht werden. Die „Profitexter" nahmen an einem vierstündigen Schnellkurs der CW-Autoren teil. Danach belegte jeder einen ergänzenden Lehrgang zum Selbststudium. Die Vorteile: freie Zeiteinteilung, keine zusätzlichen Kosten für einen Seminarleiter und Learning by Doing.

Unternehmen B

Ausgangssituation:
Man stellte fest, dass die Qualität unserer Dokumente deutlich verbessert werden müssten. Ein Wettbewerbsvergleich zeigte, dass die Textqualität der Konkurrenz noch schlechter war, als zuvor angenommen. Eine gute Chance zu handeln. Der Dokumenten-Versand bildete den häufigsten Kontaktpunkt zu den Kunden. Die Qualität der Dokumente war und ist eines der drei wichtigsten Loyalitätsfaktoren. Grund genug, das Thema damals mit hoher Priorität anzupacken.

Maßnahmen:
Das Projekt umfasste einige Baustellen, die von Systemen über Layout bis zu Prozessen und der Sprache reichten. Das Ziel war schnell klar: Die Sprache soll homogen und modern sein, soliden Charakter spiegeln und das Leistungsversprechen unterstreichen.

In einem ersten Schritt wurden Corporate Wording Guidelines erarbeitet. Die Kommunikation aus einem Guss, intern wie extern, hatte seine Wirkung entfaltet. Es war ein guter Startschuss, doch damit war beim Thema „Sprache" nur der erste Schritt getan. Die Umsetzung zählte. Dafür musste sich das Verhalten der Mitarbeiter ändern, eine der schwierigsten Aufgaben überhaupt. Nach ersten, sehr erfolgreichen CW-Schulungen der Mitarbeiter, die Dokumente texten, wurden im Laufe des Jahres über 300 der wichtigsten Standarddokumente extern in der CW-Schmiede überarbeitet und mit den Bereichsleitern und Sachbearbeitern abgestimmt.

Diesen Prozess wollte die Projektleitung unbedingt nutzen, um die Fähigkeiten der Mitarbeiter, die für Dokumente verantwortlich sind, weiter zu entwickeln. Diese Mitarbeiter sollten die Selbstsicherheit erlangen, Texte zu verfassen und zu redigieren sowie über die Eignung eines Dokumentes zu entscheiden. Außerdem mussten sie lernen, im Alltag mit den CW-Tools zu arbeiten. Es wurde ein Tool eingeführt, dass Zeit einsparte und gleichzeitig höhere Textqualität garantierte. Ein Vorteil für Mitarbeiter und Kunden.

Unternehmen C

Ausgangssituation:
Kunden wünschten sich von uns verständliche und aussagekräftige Informationen. Diesen Bedarf haben inzwischen viele erkannt, umgesetzt erst wenige. Unser Vorstandsvorsitzender: „Wir wollen Sprache nicht dem Zufall überlassen, sondern unsere Kundenorientierung durch eine klare, authentische und sympathische Kommunikation für Dritte erlebbar machen.“ Das Ziel: eine für den Kunden verständliche Sprache gestalten, die gleichzeitig die zentralen Werte des Unternehmens transportiert.

Maßnahmen:
Wir haben im Rahmen eines mehrmonatigen Projekts einen Großteil der Kunden- und Dienstleisterkorrespondenz neu aufgelegt. Ergänzend zum Corporate Design wurde eine sprachliche Identität geschaffen, die als kommunikative Visitenkarte die zentralen Markenwerte des Unternehmens transportiert.

Über 60 Prozent unserer circa fünf Millionen standardisierten Briefe, die wir pro Jahr an Kunden, Bewerber und Vertriebspartner verschicken, wurden auf der Basis eines sprachlichen Leitbilds (CW-Manual) überarbeitet.

Die neue Kundenkorrespondenz wurde getestet. Der Pretest durch ein Marktforschungsinstitut bestätigte die Neuausrichtung.

Bislang noch nicht angeglichene Schriftstücke wurden im Anschluss extern unter die Lupe genommen und optimiert – ein weiterer Schritt hin zu einer innovativen, sich vom Wettbewerb abgrenzenden Kundenkommunikation. Dabei ist unsere Unternehmenssprache nicht nur verständlich, sondern macht durch gezielte Wortwahl das Leistungsversprechen für den Kunden erlebbar, denn wir transportieren die zentralen Attribute unserer Marke – integriert in Textbausteinen.

Auch in anderen Unternehmen zeigen sich stets die gleichen Schwächen. Impulsgeber für CW-Projekte sind und waren:

- unverständlich formulierte Angebote,
- undeutliche Zielsetzungen,
- eine mangelnde Abgrenzung gegenüber Konkurrenten,
- kein erkennbarer roter Faden,
- unklare und austauschbare Kernkompetenzen,
- kundenabweisende Verhaltensprozesse,
- Floskeln und sprachlicher, neutraler Einheitsbrei,
- Inkonsistenz bei Produkt- und Leistungsbezeichnungen,
- Textfülle ohne Informationsgehalt,
- kein erkennbarer Nutzen für den Kunden.

Diese typischen Schwachstellen sind mit weiteren Problemen verknüpft, denn Unternehmen haben eine breite Informationsbasis, die permanent aktualisiert werden muss, um erfolgreich am Markt zu agieren. Stockt dieser Wissensfluss durch unklare Inhalte, kommt es bei den Mitarbeitern und Marktpartnern zu einer „Wissenslücke". Wird der Wissensfluss nicht als Ausdruck einer engagiert verfolgten Strategie erkannt, führt dies zu Irritationen und – noch schlimmer – zur Austauschbarkeit von Angebot und Leistung. In jeder Information wollen Mitarbeiter wie Kunden die Kompetenz und Einmaligkeit des Unternehmens spüren: einerseits, um in seiner positiven Vorstellung zum Unternehmen bestätigt zu werden, und andererseits, um die richtige Entscheidung treffen zu können. Höchste Zeit für Verantwortliche zu handeln.

1.3.1 Wieso mangelt es häufig an der Kommunikationsqualität?

Die Ursache ist stets dieselbe: Mit zunehmender Größe eines Unternehmens werden dessen Strukturen komplexer. Gleichzeitig ist es für den einzelnen Mitarbeiter schwieriger, den Überblick zu behalten. Er erlebt „sein" Unternehmen nur noch ausschnitthaft. Folglich fällt es schwer, die Reichweite der eigenen Entscheidungen für das gesamte Unternehmen zu erkennen und die Argumente zu verstehen, die aus anderen Abteilungen oder vom Markt her kommen.

An der OTH, Ostbayerischen Technischen Hochschule Amberg-Weiden, wurde 2009 die Studie „Corporate Wording in der Unternehmenskommunikation" im Rahmen einer Bachelorarbeit erstellt. Untersucht wurde unter anderem, welchen Stellenwert

Unternehmenssprache hat. In einer Blitzumfrage bei Geschäftsführern und leitenden Mitarbeitern aus den Abteilungen Unternehmenskommunikation, PR, Marketing und Vertrieb ermittelten wir fünf Jahre später – im April 2014 – den aktuellen Stand. Wir wollten wissen, ob und wie sich diese Zahlen verändert hatten. Die Frage, ob es im Unternehmen eine Strategie für die Gestaltung einer durchgängigen Unternehmenssprache gibt, bejahten damals nur 37 Prozent, fünf Jahre später immerhin 55 Prozent. Eine CW-Strategie planten damals 25 Prozent, fünf Jahre später sind es 30 Prozent. Jedes siebte Unternehmen bewertete 2009 die Prägnanz der eigenen Unternehmenssprache für diffus, inzwischen sind es 12 Prozent.

Neue Fragen und Ergebnisse aus 2014 im Einzelnen:

Wie wichtig ist in Ihrem Unternehmen der operative Einsatz einer Integrierten Kommunikation?

unwichtig	1	2	3	4	5	sehr wichtig
	0%	13%	15%	34%	50%	

Wie beurteilen Sie die Prägnanz der Unternehmenssprache Ihres größten Wettbewerbers?

schlechter	1	2	3	4	5	besser
	3%	17 %	58 %	18 %	3%	

Werden Mitarbeiter in Ihrem Unternehmen durch spezielle Hilfsmittel für Unternehmenssprache unterstützt (z.B. Regelwerke, Software-Tools)?

ja: 57%	nein: 32%	keine Angaben: 11%

Mit anderen Worten: Mehr als jedes zehnte Unternehmen hält Integrierte Kommunikation für eher unwichtig. Jedes fünfte Unternehmen beurteilt die Prägnanz der Unternehmenssprache ihres größten Wettbewerbers für besser als die eigene. Und jedes dritte

Unternehmen lässt seine Mitarbeiter allein auf weiter Flur stehen, wenn es um Hilfsmittel für Unternehmenssprache geht.

1.3.2 Kann und soll es so weitergehen?

Kompetenz in der Unternehmenskommunikation zeichnet sich dadurch aus, dass ein Unternehmen dialogfähig ist. Über die Umfrage-Bewertung hinaus erreichten uns mehrere E-Mails zur Blitzumfrage. Diese drei auszugsweisen Beispiele zeigen, wie unterschiedlich die Antworten klingen:

Ein Versicherungskonzern aus der Schweiz zieht persönliche Ansprache vor, zeigt in der Grußformel, dass unser Inhalt nicht nur gelesen wurde, sondern man nimmt sich die Zeit, Inhalte durch regionalen Bezug zu spiegeln:

> *„Sehr geehrter Herr Förster, danke für Ihre nette Anfrage! So gerne wir Sie hier unterstützt hätten – wir müssen leider passen, nachdem derzeit so viele Umfragewünsche bei uns eingehen. Danke für Ihr Verständnis! Mit einem freundlichen Gruss zurück in den Süd-Schwarzwald …!"*

Ganz anders ein deutscher Pharmakonzern, der über sein Verständnis der Schreibkultur einiges preisgibt: Er verwendet einen standardisierten Text mit typischen Floskeln ohne individuelle Note, man versucht mit einem (missglückten) Emoticon Sympathie auszustrahlen und verrät, dass der Konzern reine Push-Kommunikation in der Pressearbeit betreibt:

> *„… wir danken für Ihre freundliche Anfrage und das [XXX] entgegengebrachte Interesse. Bitte haben Sie Verständnis, dass [XXX] als börsennotiertes Unternehmen prinzipiell nicht an Befragungen teilnehmen kann. Häufig berühren Befragungen interne und damit dem Kapitalmarkt gegenüber nicht publizierte Unternehmensbelange … alle von [XXX] für externe Belange verfügbaren Informationen sind auf unserer sehr umfangreichen Website zu finden. Gerne laden wir Sie auch zu einem Besuch unserer Website ein und wünschen Ihnen viel Erfolg für Ihre Projekte.*
>
> *Alles Gute :) …"*

Der Postmaster einer Bank meldet automatisch und unpersönlich, dass interne IT-Prozesse mehr Gewichtung haben, als Dialoge zu pflegen:

> *„Bitte berücksichtigen Sie, dass der in Ihrer E-Mail enthaltene Anhang aufgrund der Vorgaben unseres EDV-Sicherungssystems abgetrennt und nicht an den Empfänger weitergeleitet wurde. Der Empfänger wurde jedoch über den Eingang des Anhangs informiert und kann / wird diesen bei Bedarf bei unserer EDV-Administration anfordern. Ihr Kundenberater kann Anhänge in Form von PDF-Dateien empfangen."*

Schon 1994 wurde im ersten CW-Buch an Beispielen aufgezeigt, wie schriftliche Kompetenz bewusst in den Vordergrund gerückt wird. In Erinnerung an den verstorbenen Typografen Steffen Schauberger, dem Mitgestalter des Corporate-Wording-Logos, ziehen wir folgendes Beispiel aus unserem Archiv. Anfang der 1990er Jahre ging Steffen Schauberger einen neuen Weg: Auf der Rückseite seines Briefbogens (der gewöhnlich unbedruckt ist) stand in weißen Lettern auf türkisfarbenem Untergrund sein Leitmotiv und auf der Rückseite seiner Visitenkarte ein aufschlussreiches Sprachspiel:

> *Auf nachprüfbarer Grundlage Neues erproben, Zukünftiges erträumen und das Machbare gemeinschaftlich realisieren mit dem Ziel, eine menschenwürdige Welt zu gestalten.*

Wir wollten wissen: Was steht heute auf Visitenkarten? Welche Infos sind heute wichtig? Wir wurden bei Viaprinto fündig, die Online-Druckerei von CEWE, der größten Digitaldruckerei Europas. Deren Fazit nach einer Visitenkarten-Umfrage im April 2014: „In der Weste nichts Neues."

Auch nach 20 Jahren zeigt das Ergebnis, dass es bei der Visitenkarte immer noch Unternehmen gibt, die keinen Wert auf identitätsstiftende Unternehmenskommunikation legen. Zwar klingen die Zahlen auf den ersten Blick positiv:

96,2 Prozent zeigen ihr Logo.
46,8 Prozent nennen Claim bzw. Slogan.
31,5 Prozent informieren über ihre Leistungen.

Dies bedeutet im Umkehrschluss:

3,8 Prozent verzichten auf ein Logo.
53,2 Prozent verzichten auf ihren Claim/Slogan.
Und gar 68,5 Prozent nennen nicht ihre Leistungen!

„Alles, was die Organisation tut, muss ihre Identität bekräftigen. ... Das Kommunikationsmaterial der Firma, von der Werbung bis hin zur Bedienungsanleitung, muss in seinem Charakter die gesamte Organisation mit ihren Zielen genau und eindeutig widerspiegeln", dies erklärte Wally Olins in seinem Standardwerk „Corporate Identity" aus dem Jahr 1990. Wie kann es sein, dass im 21. Jahrhundert diese Botschaft mehrheitlich nicht einmal auf der Visitenkarte umgesetzt wird!? Woran mag es liegen, dass man die Distanz der Identität vorzieht? Offenbar ist das eine gewollte (Un)Kultur. Wieso sonst sind auch Social-Media-Kontaktdaten auf Visitenkarten wenig verbreitet, während aber über 60 Prozent der Befragten Platz für ihre Faxnummer verschwenden. 81 Prozent sind sogar dagegen, einen Videomeeting-Kontakt zu nennen. Viaprinto stellt zu Recht die ironische Frage: *„Faxen Sie noch oder skypen Sie schon?"*.

Ein Grund, weshalb sich auch Corporate Wording der dritten Generation weiterhin systematisch mit den elementaren Grundlagen der Schreibkultur zwischen Unternehmen, Mitarbeitern und Kunden auseinandersetzt: dem Stil der Formulierung, dem gewählten Wortlaut und der individuellen Textfassung. So lange Unternehmen ihre „Hausaufgaben" nicht erledigen und sich durch Distanz abschotten – sei es per Visitenkarte oder Menschen in Telefonzentralen, die durch softwaregesteuerte Abfrageplätze ersetzt werden, oder Firmen, die sich bei berechtigten Reklamationen nicht entschuldigen und immer noch auf die typisch kleingedruckten Geschäftsbedingungen verweisen –, ist das Wort *Kundenorientierung* eine Farce. Für diese Art der falsch verstandenen „industrialisierten Kommunikation" bietet dieses Buch ein Gegenmittel.

1.3.3 Warum muss Kommunikation persönlich sein?

Die 20 Jahre alte Antwort auf die Frage, warum Kommunikation persönlich sein soll, hat auch heute Gültigkeit:

> *„Kommunikation ist immer persönlich. Ob man einen Bericht formuliert, eine Rechnung schreibt oder eine Broschüre*

verschickt: immer steht auf der anderen Seite, wenngleich unsichtbar, ein Partner, der reagiert. Zufrieden, unzufrieden, positiv, frustriert oder irgendwo dazwischen. Kommunikation ist der vierte Produktivfaktor neben Kapital, Arbeit und Boden. Unternehmen sind Kommunikationsgebilde, und das Verhalten ihrer Mitarbeiterinnen und Mitarbeiter gegenüber Außenstehenden ist ein Resultat ihrer internen Kommunikationsverhältnisse im Positiven wie im Negativen. Umgekehrt bedeutet dies, dass Kundenorientierung nicht nur eine Forderung für das Denken und Handeln nach außen ist, sondern ebenso Maxime im Innenverhältnis. Für Corporate Wording heißt das, die Reaktion des Kommunikationspartners vorausschauend wahrzunehmen, um seine Fragen zu beantworten, bevor er sie überhaupt stellt.“

Corporate Wording war somit 1994 keine neue Idee, sondern schlichte Notwendigkeit. Und auch heute gilt: Die Kultivierung der Schreibkultur verleiht dem Unternehmen mehr „Aus-Druck“.

Kommunikation ist die Kunst, so „Guten Tag“ zu sagen,
dass auch „Guten Tag“ dabei ankommt.
(WOB Marketing Kommunikation AG, Viernheim, 1994)

Dieses „Guten Tag“ steht immer noch im Mittelpunkt, wenn komplexe Kommunikationsaufgaben, besonders für Technik- und Dienstleistungsmarken, gelöst werden sollen. Denn auf der reinen Produktebene gibt es inzwischen noch weniger Spielraum zur Abgrenzung. Viel zu kurzfristig sind die Produktinnovationen, um darauf langfristige Verkaufsstrategien aufbauen zu können. Das Hauptaugenmerk liegt deshalb auf den relevanten Unterscheidungsmerkmalen wie Service, Support und Marken-Image. Letzteres steht für die Ausstrahlungs- und Anziehungskraft eines Unternehmens und seiner Produkte. Mit Blick auf Fachkräftemangel, Fluktuation, Frustration und Stellenabbau ist die erfolgreiche Kommunikation nach innen heute Voraussetzung erfolgreicher externer Kommunikation, denn sie beeinflusst das Resultat am Ende der Kommunikationskette, wo der Geschäftspartner steht. Fragen der Informationsvernetzung werden in diesem Buch neu durchdacht, weil heute mehr als nur das Zusammenwirken klassischer Werbung mit Verkaufsförderung erwartet wird. Themen, die von gesellschaftlicher Relevanz sind, müssen in die Unternehmenskommunikation einfließen, um sich positiv vom Wettbewerb abzugrenzen. Einfach und treffend im besten Sinne des Wortes.

Und somit auch mit mehr Erfolg. Nur ein erfolgreicher Tag ist auch ein guter Tag.

Die nach innen und außen gerichteten Dokumente und schriftlichen Dialoge sollen den Kontakt zwischen Unternehmen und einer meist heterogenen Adressatengruppe oder zu einzelnen, oft persönlich unbekannten Empfängern herstellen. Im direkten Dialog (face to face) kann die Erwartung des einzelnen Gesprächspartners ermittelt und durch treffende Argumentation gespiegelt werden. Anders im schriftlichen Dialog. Hier sind die Inhalte so aufzubereiten, dass der Empfänger auf jeden Fall die Antwort auf seine Erwartungshaltung findet. Die Kommunikation mit Corporate Wording basiert deshalb von Beginn an auf einer psychografischen, gehirn- und sinnenorientierten Wortwahl. Dabei soll niemand in ein „Wörterkorsett" eingeengt werden. Ganz im Gegenteil: Ziel ist die Förderung einer offenen und unbürokratischen, differenzierten und erwartungsorientierten sowie gefühlvollen, aber homogenen und wiedererkennbaren Unternehmenssprache.

Aus theoretischer Sicht wurden Corporate Wording 1994 folgende Funktionen zugeschrieben:

- zweckrationale Kommunikation mittels Schriftzeichen
- schriftliche Mitteilung von Sachverhalten
- schriftliche Form menschlicher Beziehungen
- schriftlicher Ausdruck von Emotionen

Sprache unterliegt von jeher dem Wandel. Die digitale Kommunikationswelt mit E-Mail, Chat oder Tweet beschleunigt diesen. Sprache hat mit Verhalten zu tun, heute besonders mit Reaktionsverhalten. Und somit verändert sich auch unser Verhalten im rasanten Tempo. Was vor 20 Jahren noch im Dialog und Umgang miteinander gang und gäbe war, ist heute unbedeutend. Auch wenn sich Technologien verändern: Schreiben bleibt. So wie das Faxgerät die Renaissance der handschriftlichen Kommunikation wieder eingeläutet hat, so schafften E-Mails mehr Nähe zum Dialogpartner und SMS wie Twitter dank seiner Zeichenbeschränkung auf kurze, prägnante Inhalte zielgruppengerechte Worte zu typischen Sachthemen. Heute wird vielfach so geschrieben, als ob man spräche. Das Verständigen geschieht schriftlich und ist mündlich gemeint. Chatrooms sind bekannt für verknappten Schreibstil, Akronyme und Ironiezeichen. Hier wechseln die Dialoge fast synchron. Das hat zu einem neuen Stil der schriftlichen Kommunikation geführt.

Durch die globale Kommunikation übernehmen wir Wörter aus anderen Sprachen und Welten und machen sie uns zunutze.

Umgangssprache, Insider-Slang, Szenensprache, Trendwörter, Dialekte und Jugendsprache sind ineinander verflochten. Regionale Akzente sind wieder gefragt. So werden auf natürliche Weise Stimmungen digital auf den Weg gebracht. Doch ein gleichbleibendes Phänomen ist seit zwei Jahrzehnten zu beobachten: Versucht man die gleichen Gedankengänge mit Tinte auf Papier oder per Editor digital zu erfassen, entwickelt sich der Schreibstil bei vielen Menschen behäbig und umständlich. Liegt es daran, dass der Respekt vor dem weißen Blatt Papier uns immer noch verkrampft? Etwa so:

> *„Sehr geehrter ...,*
> *in der Anlage bezugnehmend zum Aktenzeichen, zur Kenntnisnahme unter Berücksichtigung der alsbaldigen termingemäßen Erledigung, etwas beiliegend übersendend, in der Hoffnung damit gedient zu haben und uns hiermit bedanken zu dürfen, mit freundlichen Grüßen verbleibend? usw.*

Zugeben: Etwas überspitzt, aber am Rand der Realität entlang, wo sich die Frage stellt: Warum sollte man jede/n mit „sehr geehrte/r" anschreiben? Und warum schließen die meisten Briefe und E-Mails mit „freundlichen Grüßen"? Individualität und Identität bleiben auf der Strecke.

Dass es auch anders geht, zeigen zum Beispiel Mitarbeiter aus der Unternehmenskommunikation von Best Western Hotels Deutschland, die sich markenprägend in Briefen mit *„BESTe Grüße"* verabschieden. Aus dem Rahmen fällt auch die Lulu Press Inc. mit folgender Formulierung in einer Support-Antwort: *„Vielen Dank, dass Sie Lulu gewählt haben! Ich wünsche Ihnen noch einen schönen und bemerkenswerten Tag!"* Der Skype-Support verabschiedet sich mit diesen Worten: *„Vielen Dank für Ihr wertvolles Feedback und Ihre Zeit! – Ihr Microsoft-Team"*. Einen regionalen Bezug nimmt dieser Webhoster: *„Wir wünschen Ihnen weiterhin viel Freude mit den Leistungen von 1&1. Freundliche Grüße aus Montabaur."*

1.3.4 Projekte in Gang setzen

> *„Nur einer Führungskraft, der es gelingt, in Worten die Zukunft des Unternehmens, eines Bereichs oder der eigenen Abteilung plausibel und motivierend zu verdeutlichen, wird Akzeptanz in ihren Handlungen und damit letztlich Umsetzungskompetenz erlangen."*
>
> *Quelle: Knut Bleicher, Das Konzept Integriertes Management, 2011, Frankfurt, S. 659*

Ein Vermitteln gleichgerichteter, sich gegenseitig verstärkender Botschaften erreicht das Management durch eine koordinierte Kommunikation. Sämtliche Inhalte müssen daher abgeglichen werden: das Verhalten der Mitarbeiter, die Leistung des Unternehmens und dessen Erscheinungsbild. Am Beispiel des St. Galler Management-Konzepts sind das die folgenden Disziplinen:

Normative Management-Ebene:
- Unternehmensverfassung
- Kooperationsverfassung
- Unternehmenskultur

Strategische Management-Ebene
- Programmstrategie
- Organisationsstruktur
- Managementsystem (Information)
- Problemverhalten

Operative Management-Ebene
- Kooperation und Leistung
- Aufträge
- Prozesse und Disposition

Gesamthaft lässt sich mit diesen Teildisziplinen darstellen, wie die Unternehmung positioniert ist und welche „DNA" sie hat:

Wie löst das Unternehmen Konflikte? Rational durch Konfrontation oder emotional durch Konsensstreben? Welche Beziehungen hat das Unternehmen aufgebaut? Herrscht eine aufgabenbezogene rationale Technostruktur vor oder mehr eine personenbezogene Soziostruktur? Wie entwickelt sich das Unternehmen weiter? Eher konventionell, evolutionär oder revolutionär bzw.

avantgardistisch? Welche Produktstrategie wird bevorzugt? Ein standardisiertes Massenprogramm oder ein individuelles Nischenprogramm? Welche Art der Offenheit lebt das Management vor? Traditionsbestimmt insular oder eher zukunftsorientiert vernetzt?

Aus den Ergebnissen der Ist-Positionierung kann eine Soll-Position abgeleitet und vorgegeben werden. Daraus ergibt sich dann auch das zum Erreichen der Managementziele passende Sprachklima. Ein Unternehmen, das sich personenbezogen mit individuellen Produkten am Markt aufstellt, muss ein anderes Sprachklima pflegen als ein Unternehmen, das auf Konfrontation setzt (z.B. durch gezielte Nichtnennung von Kontaktdaten), in einer aufgabenbeherrschten Struktur agiert und standardisiertes Massenprogramm anbietet. Für beide gilt, trotz konträrer Managementkonzepte, dass alle genannten Teildisziplinen harmonisch zusammenspielen oder, rationaler formuliert: gleich getaktet sind. Denn jede Profilierungsmaßnahme nach außen (Werbung, PR) hat Einfluss nach innen (Verhalten, Kommunikation, Leistung) und umgekehrt. Das Profilieren eines Unternehmens nach außen ist von den explizit ergriffenen Maßnahmen abhängig. Mehr noch: Mitarbeiter prägen das Bild des Unternehmens, ihr Verhalten wiederum ist wie eingangs von Axel Grandpierre beschrieben das Ergebnis interner Kommunikation. Kommunikation nach außen muss daher im Gleichklang mit der internen erfolgen.

Durch sorgfältiges Abstimmen aller Maßnahmen werden Reibungsverluste vermieden, dadurch Synergieeffekte erzielt und die Kommunikation produktiv gemacht. Interne Kommunikation ist dabei als Grundlage zu sehen: Sie muss funktionieren, damit das Unternehmen eine Leistung erbringt, von der es dann seriös behaupten kann, sie sei gut und einmalig.

Die Koordination im Alltag wird durch das Einrichten einer zentralen Stelle gesichert, die sämtliche für die Kommunikation Verantwortlichen im Unternehmen unterstützen soll. Die Aktionsfelder sind Mitarbeiterkommunikation, Presse und Öffentlichkeitsarbeit, Werbung und die Pflege des Erscheinungsbilds.

Die Rahmenbedingungen (neben kurzfristigen Zielen):

- Unternehmensziele und Leitlinien zum Aufbau der Unternehmensidentität schaffen und Mitarbeitern vermitteln.

- Grundsätze der Führung und Zusammenarbeit aus dem Leitbild entwickeln.
- Das erstrebte Sprachklima festlegen.
- Corporate Design und das Potential der Semiotik ausschöpfen, Corporate Sound entwickeln und mit CW verzahnen.
- Vision, Markenwerte und Leitbild für alle Unternehmensbereiche u.a. mit Hilfe von Textbausteinen „übersetzen".
- Probleme und Maßnahmen darstellen, klare Aufgaben stellen.

Die positiven Folgen einer koordinierten Kommunikation mit Corporate Wording:

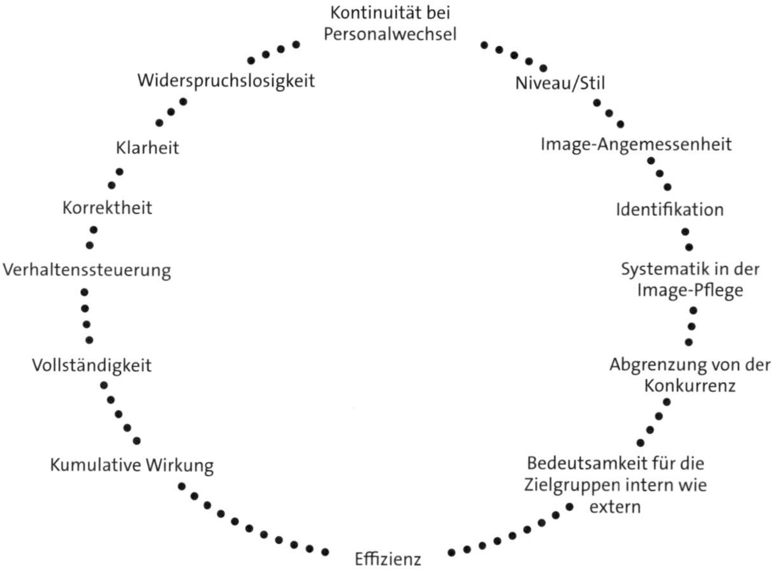

Abbildung 4: Koordinierte Kommunikation (Quelle: Förster, Corporate Wording, 2009, S. 131)

Die folgende Auflistung zeigt, wie sich ein Antrag an die Geschäftsleitung für ein derartiges Projekt gestaltet (z.B. Vorstandsvorlage).

Auf den Punkt gebrachte Fakten sind für den Antragsteller (meist der künftige Projektleiter) die Voraussetzung, dass grünes Licht für das Budget und Zeitkontingent folgt.

1. Ausgangslage
2. Die Strategie
    2.1 Ansatz und Methode
    2.2 Textanalyse im Vorfeld
    2.3 Resultat der Analyse
    2.4 Empfehlung der Projektleitung
3. Zielsetzung
4. Nutzen für unser Unternehmen
5. Rechtliche Aspekte / Compliance
6. Involvierte Stellen
7. Geprüfte Varianten
8. Finanzierung
9. Antrag des Vorstands zur Umsetzung

1.3.5 Worauf müssen Projektleiter besonders achten?

CW-Projektkiller Nr. 1: Die Silo-Mentalität
Schubladendenken, Selbstbezogenheit, Scheuklappenmentalität und Abteilungsegoismus sind stellvertretende Vokabeln für eine Silo-Mentalität. Der Begriff „Silo“ steht für die großen Hochsilos, die zum Speichern von Getreide, Futtermitteln, Kunststoffgranulaten, Zement etc. genutzt werden. In einer Unternehmung oder einer Geschäftseinheit, die unter dem „Silo-Syndrom“ leidet, interagiert jede Geschäftseinheit oder jeder Mitarbeiter innerhalb seines eigenen Silos und verschließt sich und sein Wissen gegenüber anderen Gruppen in der Unternehmung.

Die Folgen dieses Syndroms liegen klar auf der Hand: Es entsteht unnötiger Mehraufwand mit Mehrfachkosten verknüpft, es mangelt am Querdenken, an Synergien, Wissenstransfers und professioneller Kundenkommunikation. Das größte Problem ist die Redundanz ähnlicher Inhalte und der damit verbundene Mangel an Übereinstimmung der Unternehmenssprache! Identische oder sehr ähnliche, aber in der Terminologie voneinander abweichende oder gar widersprüchliche Informationen entstehen durch Silos, in denen Inhalte unterschiedlichster Organisationen für verschiedenste Zielgruppen erzeugt werden:

Art der Information	Zielgruppe	Erstellt im Silo von ...
Verkaufsunterlagen mit Spezifikationen	Interessenten allgemein	Marketing bzw. Produktmarketing
Design-Information	für Mitarbeiter der Produktentwicklung zum internen Gebrauch	Ingenieuren, Produktmanagern
Gebrauchsanleitung	Kunden, die das Produkt kaufen	Technischen Redakteuren
Schulungsunterlagen	Vertriebsmitarbeiter, Verkaufstrainer	Aus- und Weiterbildung
Anleitung über Konfiguration, Installation	interner professioneller Service	Außendienstmitarbeitern
externe Support-Informationen	Kunden, die Hilfe brauchen	Mitarbeitern des Supports

Tabelle 1: Silo-Kommunikation (Quelle: Förster & Förster)

Was trotz Wissen um diese Problematik häufig zum Alltag zählt: Jede organisatorische Einheit bildet ein Silo. Selten gibt es eine koordinierende Stelle, die Inhalte an andere Silos weiterleitet. Verschiedene Gruppen erstellen mit unterschiedlichsten Tools Produkttexte. Obwohl Teile daraus auch für andere Abteilungen nützlich wären, sind diese oft unzugänglich. Sei es, weil die Abteilungen durch falsches Konkurrenzdenken nicht ineinandergreifen und/oder der Austausch aufgrund inkompatibler Datenformate unmöglich ist.

In Großunternehmen mit mehreren Geschäftseinheiten ist es Usus, dass mehrere Abteilungen wie Entwicklung, Support oder technische Redaktion parallel an einem Thema arbeiten, ohne sich abzustimmen. Diese Scheuklappenmentalität und egoistische Unkultur ist lähmendes Gift für Unternehmen, zerstört das Betriebsklima und verschlingt dazu enorme Kosten.

Schon vor dem Internetzeitalter setzte dieser Silo-Ansatz für die Entwicklung technischer Informationen Grenzen. Informationen, die in einem Teil einer Organisation entwickelt wurden, waren für den anderen Teil der Organisation nicht verfügbar. Diese Unfähigkeit, Inhalte einfach bei Bedarf wiederzuverwenden, hatte noch eine andere Ursache: die Art der Werkzeuge, mit denen Inhalte geschrieben und technische Informationen produziert wurden.

Typisch ist, dass jede Organisation seine eigenen speziellen Tools nutzt, um Informationen zu erstellen. Produktmanager, Ingenieure, Sekretärinnen etc. schreiben ihre Informationen meist mit Microsoft Word. Technische Texter nutzen in der Regel ein Tool wie FrameMaker. Von dort konvertieren sie ihre Dokumente in PDF-Dateien oder auch in HTML. Texter und Gestalter des Marketings verwenden oft InDesign oder QuarkXPress. Diese vielfältigen Werkzeuge machten es noch bis vor wenigen Jahren schwierig, Informationen miteinander zu teilen. Oft war es leichter, Informationen neu zu erstellen, als auf vorhandene zurückzugreifen.

Selbst innerhalb einer einzigen Abteilung, in der jeder Mitarbeiter übereinstimmende Software anwendet, wäre es in klassischer Form schwierig, Informationen nur ein einziges Mal zu schreiben und für mehrere Produktlinien wiederzuverwenden. Diese traditionellen Probleme waren seit geraumer Zeit bekannt – besonders in den Weltkonzernen. Aber sie waren nie wichtig genug, als dass sich jemand wirklich darum kümmerte, diesen Zustand zu ändern.

CW-Projektkiller gestern und heute

Die seinerzeit auf Expertensysteme für computergestützte Werbung (Computer Aided Advertising Systems) spezialisierten Mitarbeiter des CAAS-Instituts Saarbrücken, Dr. Tanja Lorson und Dr. Carmen Schiffmann-Walter beschrieben typische Wirkungskiller in der Werbekommunikation, die im CW-Buch 2001/2003 vorgestellt wurden. Wir stellten uns nun die Frage: Was hat sich in den rund zehn Jahren geändert, was ist geblieben? Die wichtigsten Punkte haben wir aufgegriffen und neu bewertet:

Unverändert: Abteilungsegoismus

Unternehmensbereiche sind oft noch durch Konkurrenzdenken und nicht durch gegenseitige Mitarbeit gekennzeichnet – auch wenn Teamworking vielfach beschworen wird. Die Folge: Den Unternehmen fehlt der Blick fürs Ganze. Projektleiter sind daher gut beraten, über den Tellerrand zu schauen und Silos abzuschaffen. Technische Lösungen dazu stellen wir in Kapitel 4 vor.

Unkenntnis:
unverändertes Problem

Heute reicht es nicht mehr aus, nur über eine gute Produktqualität zu verfügen, diese muss dem Kunden vermittelt werden. Dazu ist eine erfolgversprechende Position im Wettbewerbsfeld zu definieren und aufzubauen, welche die Wahrnehmung der Kunden fixieren soll. Viele Mitarbeiter wissen jedoch nur vage, welche

Kernkompetenzen sie kommunizieren sollen. Lösungen finden Sie im zweiten Teil dieses Kapitels.

Komplexität:
noch vielschichtiger geworden

Die Komplexität der Märkte und die rasante Entwicklung der Medien erhöhen den Stellenwert der Kommunikation. Nur Marken, die in den Medien präsent sind und ihre Kernwerte in Bezug auf die sich stets ändernden Kundenbedürfnisse zum Ausdruck bringen, können sich auf einem dicht gedrängten Konkurrenzfeld durchsetzen. Waren in vielen Branchen bislang noch keine kommunikativen Anstrengungen notwendig, so erfordern die zugespitzten Rahmenbedingungen ein austariertes „Kommunikations-Matching", dessen Qualität über die Wirksamkeit beim Verbraucher entscheidet. Genau diese Problematik steht im Mittelpunkt unseres Buches.

Auftragsvergabe mit unklaren Zielen:
immer noch problematisch

Das Bestimmen von Kommunikationszielen wird häufig an eine Agentur delegiert. Vielfach besteht sowohl bei der Auftragsvergabe an die Agentur als auch später in der Testphase noch Unklarheit über das angestrebte Ziel. Die Agentur leitet ein vermeintliches Werbeziel aus den ihnen zur Verfügung gestellten zum Teil bruchstückhaften Daten selbst ab. Problem: Beim Agenturmatch korreliert die Anzahl der Werbeziele mit der Anzahl der beauftragten Werbeagenturen. Damit werden wesentliche strategische Entscheidungen leichtfertig aus der Hand gegeben, und das Ergebnis wird mehr oder weniger dem Zufall überlassen. Kennzeichnend hierfür ist die Auswahl ansprechender „Gefällt-mir-Bildchen", die ohne jegliches unternehmensgerechtes Maßschneidern zur Grundlage der zukünftigen Kommunikation gekürt werden. Darum schlagen wir Ihnen in diesem Kapitel hilfreiche Maßnahmen vor.

Mangelnde Transparenz, Gewichtung und Zielverfahren:
Problem unverändert

Eine konfuse oder unscharf formulierte Zielposition verhindert einen zielgerichteten Auftritt. Oft werden einfach unternehmenseigene oder die sich aus der Marktforschung ergebenden „Wunschvorstellungen" der Verbraucher ungeordnet oder unselektiert in das Briefing übernommen (nach dem Motto: „Die Agentur wird sich schon für das Richtige entscheiden."). Während sich viele

Unternehmen darüber hinaus an Mitbewerbern orientieren, gibt es wenige, die eine klare Richtung vorgeben. Ein Ausnahme-Beispiel ist die Roland Rechtsschutz-Versicherungs-AG, die seit dem Jahr 2013 eine selbstbewusste Positionierung kommuniziert: *„Wir orientieren uns nicht an einer modernen, verständlichen und kundenfreundlichen Sprache. Wir definieren sie."* Dies ist eine klare Vorlage der Unternehmenskommunikation, unterstrichen durch die Wortmarke: „ROLAND. *Der* Rechtsschutz-Versicherer." Mit dieser Transparenz und Gewichtung stellt sich diese Marke im täglichen Wettbewerb mit anderen Rechtsschutz-Versicherern. Die Aussage ist nicht nur eine Werbebotschaft, sondern ein Anspruch und eine Verpflichtung zugleich für alle Mitarbeiter und externen Texter-Agenturen. Der Anspruch muss seinen Ausdruck im alltäglichen Kundenkontakt wiederfinden – wie zum Beispiel durch (lese-)freundliche Kundenkommunikation in einer selbstbewussten, kompetenten, innovativen und am Kunden orientierten Sprache.

Kundenengagement:
immer noch überschätzt

Das Situations-Involvement für Kundenkommunikation wird weiterhin überschätzt. Der durchschnittliche Verbraucher ist täglich einer großen Zahl von Werbeinformationen ausgesetzt. Die meisten davon prallen von ihm ab, ohne einen Eindruck zu hinterlassen. Daher haben auch Informationen, die mit einem hohen Produktinteresse rechnen können, nur dann eine Chance, sich durchzusetzen, wenn sie nicht nur auffällig, sondern auch relevant genug hervorstechen und so präsentiert werden, dass sie innerhalb kürzester Kontaktzeiten aufgenommen werden können. Darum legen wir Ihnen das Kapitel 4 besonders an Herz.

Wesentliche Sachverhalte reduziert darbieten:
noch zu wenig umgesetzt

Bei Kommunikationsleuten findet sich die zunehmende Tendenz, beim eigenen Produkt oder Angebot von einem höheren Interesse der Kunden auszugehen. Auf eine schnelle Kommunikation der Botschaft wird sodann verzichtet, obgleich empirische Untersuchungen immer wieder bestätigen, dass selbst bei höherem Interesse lediglich mit wenigen Sekunden Aufmerksamkeit gerechnet werden kann. Trotzdem werden häufig Sachverhalte, die vom Verbraucher als selbstverständlich vorausgesetzt werden und keinen wahrnehmbaren Vorteil gegenüber Konkurrenzprodukten darstellen, lang und breit dargeboten. Denken Sie nur an das überflüssige Argument „Föhn und Minibar" in einem Hotel der gehobenen Klasse. Wie man auf den Punkt kommt, erfahren Sie im Kapitel 3.

Noch immer eine Rarität: integrierte Kommunikation

Um ein Unternehmen oder ein Produkt nach außen klar und schlüssig zu präsentieren, ist das harmonische Abstimmen aller Einzelmaßnahmen notwendig, wie es Michael Thiermeyer in seinem Gastbeitrag (Seite 14) beschreibt. Mit Hilfe eines durchgängigen Auftritts unterstützen sich einzelne Kommunikationsmittel wechselseitig. Dadurch werden die Kontakte mit der Zielgruppe optimiert oder die bisher erzielten Kontaktwirkungen mit einem geringeren Budget erreicht. Doch die konsequente Umsetzung im Zeitablauf und über die sich im Einsatz befindlichen Kommunikationsmittel hinweg unterbleiben meist. Selbst wenn Integrationsgrundsätze schriftlich fixiert werden, so weichen sie doch im Laufe der Zeit auf und werden von kurzfristig angelegten Neukreationen und Variationen – häufig ohne Zusammenspiel interner und externer Agenturen – abgelöst. Die Folge: Es mangelt an einem klaren Markenbild beim Kunden, die Marke verwässert und wird durch andere Markenbilder aus dem Präferenz-Set der Kaufalternativen verdrängt. Lösungen stehen im nachfolgenden Abschnitt.

1.4 Wie lässt sich die Identität mit CW stärken?

Was neu gegründete Unternehmer wie auch die Chefs gestandener Firmen an einer erfolgreichen Identitätsführung wie bei Audi, Bang & Olufsen, Erco, Nivea etc. bewundern, ist die Tatsache, dass diese mustergültigen Beispiele so klar erkennen lassen, wie jedes entwickelte einzelne Element als organischer Teil dem Ganzen zugeordnet werden kann. Beharrlichkeit ist dabei eine der wichtigsten Tugenden, welche diese Unternehmen beherrschen.

Identität bewusst zu kommunizieren heißt: sie *erlebbar* machen. Eigenständigkeit, Kontinuität und Sicherheit im sprachlichen Auftritt sind Grundvoraussetzungen dafür. Das setzt voraus, Veränderungsprozesse im Unternehmen als Stärke und Chance intern erlebbar zu machen. Mitarbeiter sind in die Kommunikationsmaßnahmen einzubinden, dies fördert Eigeninitiative und Eigenverantwortung. Axel Grandpiere hat in seinem Gastbeitrag (Seite 18) auf die künftige Bedeutung von Corporate Behavior hingewiesen. Sprache hat mit Verhalten zu tun, und so bilden Wording und Behavior ein identitätsstiftendes Tandem.

Unternehmen haben eine breite und permanent aktualisierte Informationsbasis, um erfolgreich am Markt zu agieren. In jeder Information will der Kunde, aber auch der Mitarbeiter die Kompetenz des Unternehmens spüren, um einerseits in seiner positiven Vorstellung zum Unternehmen bestätigt zu werden und andererseits die richtige Entscheidung treffen zu können. Deshalb muss die Unternehmenskompetenz in griffige Sprache gefasst werden, damit Mitarbeiter und Marktpartner einen verlässlichen Maßstab haben.

Ungezügelte und ziellose Kreativität hinterlässt Wirrwarr und Konfusion. Abhilfe schafft eine fokussierte, klar durch die zentrale Idee gesteuerte und damit begrenzte Kreativität. Das fördert den Einfallsreichtum in einer Tiefendimension, die Eindeutiges, Einzigartiges und Einprägsames hinterlässt.

Es ist der für alle Beteiligten bindende Rahmen, in dem man sich frei bewegen kann. Vergleichbar mit dem, was uns im täglichen Leben vorgegeben wird: Grundgesetz, Leitplanken links und rechts der Straßen, Langlaufloipen, Begrenzungen eines Fußballfeldes, aber auch die begrenzten Flächen einer Leinwand, die dem Maler die Größe seines Bildes vorgibt. Auch Vorgaben wie die maximale

Laufzeit eines Kinofilms oder die Vorgabe von der Redaktion an den Journalisten für die maximale Zeichenzahl seines Artikels.

In solch einem Leitfaden sind die „Spielregeln" definiert. Dabei hilft es, wenn ein Kommunikationshebel die zentrale Unternehmensidee reflektiert. Dieser kann dann permanent angepasst und weiterentwickelt werden.

Nehmen wir als Beispiel vier Unternehmen, die hochwertige Zahnräder und Kleingetriebe für die Automobilindustrie und für Getriebehersteller produzieren. Neben der Herstellung von Verzahnungen nach Kundenwunsch werden auch Zahnrad- und Getriebeauslegungen sowie komplette Getriebeentwicklungen für Kunden durchgeführt.

Aussagen von Mitbewerbern sind beliebig austauschbar:

Hersteller A:
Wir erkennen unsere Stärken und Fähigkeiten und bauen sie aus, um langfristige Wettbewerbsvorteile am Markt gezielt einzusetzen. Maschinen und Metallteile in gewohnt guter Qualität termingerecht zu liefern ist uns ebenso wichtig wie ein vertrauensvoller und partnerschaftlicher Umgang mit unseren Kunden.

Hersteller B:
Wir sind ein Unternehmen mit dem Spezialgebiet Verzahnung. Gesundes Wachstum gepaart mit hoher Liefertreue und einwandfreier Qualität steht immer im Mittelpunkt unseres Handelns.

Hersteller C:
Seit über 45 Jahren fertigen wir Präzisions-Zahnräder in bester Qualität. Die Voraussetzung dafür ist eine kontinuierliche Weiterentwicklung der Technik. In Kooperation mit unseren Kunden entwickeln unsere Spezialisten Lösungen für eine effiziente Fertigung. Erfahrung, Fachwissen und die Zuverlässigkeit unserer Mitarbeiter sowie permanente Investitionen in modernste Produktionsanlagen sind die Basis für die überragende Qualität.

Hersteller D:
Zahnräder gibt es in den verschiedensten Ausführungen. Der technische Einsatz bestimmt über Lebensdauer und Art der Herstellung. Wir haben uns darauf spezialisiert, zusätzlich zu den Standard-Ausführungen auch ganz spezielle Lösungen zu realisieren.

Gerade in der Verarbeitung unterschiedlicher Werkstoffe zeigen sich unsere Flexibilität und unser technisches Know-how.

Der Kommunikationshebel liegt bei unserem Zahnradhersteller nah: das „Verzahnen". Für Mitarbeiter und externe Texter ist das Zahnrad ab sofort der Kommunikationshebel. Der Fokus auf das Zahnrad hat den Vorteil, dass anstelle oberflächlicher Allgemeinbegriffe die Unternehmenskommunikation die Tiefe ausloten und sich damit vom Wettbewerb sprachlich deutlich abheben kann.

Das erfordert zwar Recherchearbeit in Bilddatenbanken, technischen Handbüchern, Lexika oder Wörterbüchern, öffnet aber eine Schatztruhe mit einer ungeahnten Vielfalt an Bilder- und Wörterwelten. Beispiele:

- *Wir sind mit Partnern verzahnt und unsere Produktion ist Teil des Getriebes.*
- *Unsere Logistik ist flexibel, und so können wir bei steigendem Kapazitätsbedarf jederzeit kurzfristig einen Zahn zulegen.*
- *Offensive 2014: Wir haben die Ganggenauigkeit im Service deutlich erhöht, damit wenig Reibung und Verschleiß entsteht.*
- *Unsere Kompetenzen nutzen wir durch gleichmäßige Kraftübertragung in allen Abteilungen.*
- *Die Kräfte unserer Produkte übersetzen wir in positive Betriebsergebnisse.*
- *Der besondere Management-Mechanismus: Aus eigenem Antrieb entwickeln unsere Mitarbeiter Ideen.*
- *Text-Controlling: Wir haben in unserem Leitfaden ein Sperrwerk eingebaut, das eine Überdrehung der Kreativ-Feder verhindert.*
- *Es heißt: Jeder Mitarbeiter ist ein Rädchen im Getriebe. Teamarbeit bedeutet für uns: Transmission leben!*
- *Unsere Kräfte verteilen wir auf alle Ebenen der Organisation.*
- *Unser Schwungrad ist die neue Identitätskommunikation.*

Jedes Unternehmen braucht ein Regelwerk für Sprache, Design und Verhalten. Ein Hilfsmittel für Sprache ist ein CW-Manual, das Regeln, Empfehlungen und wiederverwendbare Textmodule beinhaltet.

Wir empfehlen: Entwickeln Sie darüber hinaus Textbausteine für verschiedene Kommunikationsmittel. Sie erreichen Zeitvorteile und arbeiten effizient, weil Sie einzelne Elemente mehrfach verwenden können, die durch Wiederholen und Spiegeln intensiver wirken. Dieses System fördert die Kontinuität des Auftritts und den Wiedererkennungswert. Und dies stärkt das Unternehmensbild.

Das folgende Baustein-Beispiel der Kommunikationsagentur Keysselitz zeigt: Der Satz aus dem Leitbild taucht in verschiedenen Medien auf, in der Diktion angepasst und im Sinn identisch. Die Zielgruppen bekommen das vermittelt, wovon das Unternehmen überzeugt ist.

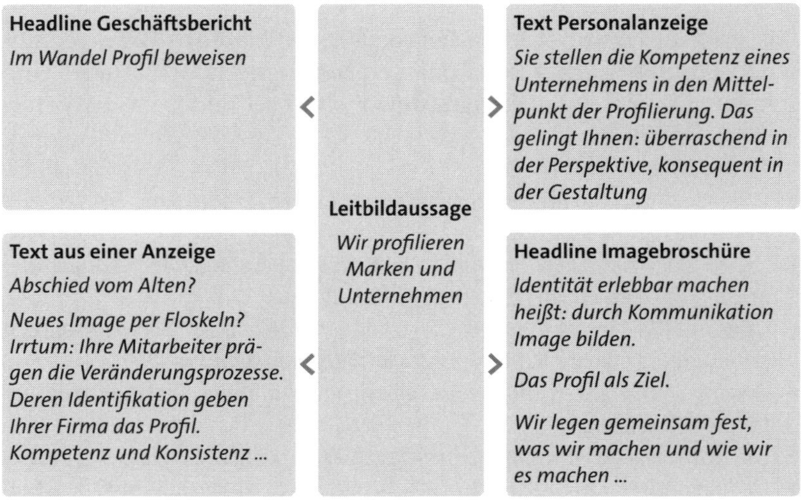

Abbildung 5: Bausteinsystem – Beispiel-Textbausteine (Quelle: Förster, Corporate Wording, 2009)

Im permanenten Austausch mit den Zielgruppen muss die zentrale Unternehmensidee durch Kampagnen in unterschiedlichsten Medien über verschiedene Kanäle erlebbar gemacht werden.

Die nachfolgende Liste mit Beispielen zeigt, wie sich externe Kommunikation strukturieren und damit in feste Relationen setzen lässt. Einige der folgenden CW-Maßnahmen wiederholen sich teilweise, das liegt in der Natur der Sache.

Werben
für die Organisation im Umfeld von (profilierten) Konkurrenten (Imagebildung/Profilierung) wie für das Produkt und Dienstleistungsangebot im Umfeld der Angebotsvielfalt von Konkurrenten (Produktwerbung).

Beispiele: Ein Fruchtsafthersteller wirbt in einem Reformhausmagazin, ein Uhrenhersteller der Premiumklasse inseriert in einem hochwertigen Kundenmagazin eines Automobilherstellers, die Pressestelle eines Energieversorgers schaltet eine Anzeige in einer Fachzeitschrift für Journalisten.

CW: Die zentralen Kernkompetenzen, die kommuniziert werden sollen, sind im CW-Manual vorgegeben.

Zuwendung „erzwingen"
im Umfeld eines durch Informationsüberangebote nachlassenden Interesses (Verkaufsförderung).

Beispiel: eine Tageszeitung versucht per Direktmailing Neu-Abonnenten mit einem Test-Abo zu gewinnen und lockt mit einer Armbanduhr und anderen Sachprämien.

CW: Die Sachprämien könnten nach typologischen Kriterien ausgewählt und durch ein entsprechendes Sprachklima unterstützt werden. Dadurch gewinnt man einen Einblick, welcher Typus sich hinter dem neu gewonnenen Test-Abonnenten verbirgt.

Überzeugen von der Richtigkeit einer Entscheidung
nach dem Kauf oder durch Verhaltensbestätigung (nachfassende Formulierung der Vorteile).

Beispiel: Eine Versicherung bedankt sich für den Abschluss einer Familienvorsorgeversicherung und bestätigt dem Kunden, dass er sich richtig verhalten hat, indem er für seine Familie verantwortungsvoll handelte.

CW: Im CW-Manual befindet sich dafür ein Standardbrief mit Textvariablen.

Vertrauen gewinnen und festigen
durch offene und befriedigende Information für bedeutsame Zielgruppen wie Kunden, „Mittler", künftige Mitarbeiter oder Partner sowie die Öffentlichkeit.

Beispiel: Ein Automobilhersteller bedankt sich in einer Imageanzeige für das Kundenvertrauen, nachdem die erste Million eines Fahrzeugtyps verkauft war.

CW: Die zentralen Kernkompetenzen, die kommuniziert werden sollen, sind im CW-Manual vorgegeben.

Bekanntheit erhöhen und Sympathie gewinnen
durch Anhängen an andere Sympathieträger (speziell Sponsoring oder jede andere Art nach außen gerichteter Informationsabgabe).

Beispiel: Ein Lotterieveranstalter schaltet Bandenwerbung bei sämtlichen Fußballspielen der Bundesliga.

CW: Die zentralen Kernkompetenzen, die kommuniziert werden sollen, sind im CW-Manual vorgegeben.

Präsenz stärken
um im Bewusstsein zu bleiben, durch deutliche, gleichbleibende Symbole.

Beispiel: Die Sparkasse platziert in allen deutschen Flughafen-Abfertigungshallen einen riesigen roten Würfel mit dem Sparkassen-S und auf sämtlichen Taxi-Fahrzeugen, die Flughafenfahrten unternehmen, befindet sich auf dem Dach ein roter Sparkassenwürfel.

CW: Die zentralen Markenwerte, die in Kurzform kommuniziert werden sollen, sind im CW-Manual vorgegeben.

Die besondere Kompetenz verdeutlichen
durch das Visualisieren des eigenen Anspruchs im Erscheinungsbild wie in den klassischen Medien der externen Kommunikation.

Beispiel: ZDF-Publikumskampagne mit der Aussage „Mit dem Zweiten sieht man besser", gefolgt von dem Fingersalut „zwei Finger vor einem Auge".

CW: Das CW-Manual enthält eine klare Aussage und zeigt Beispiele, wie diese in verschiedenen Medien angewendet werden.

Werbung und Verkauf von Zubehör
auf Verkaufsverpackungen, in Produktinformationen, Anleitungen, Print- und Online-Anzeigen, Plakaten, Funk-/TV-Spots, Kundenbriefeen, Fensterdekorationen, Mailings, Besuchen/Gesprächen u. Ä.

Beispiele: Neue Kaffeesorten für Kapsel- oder Pad-Kaffeemaschinen; interaktives Zubehör für „Baby Born"-Puppen wie Getränkeflasche, Schlafsack und Toilette mit mehreren Funktionen.

CW: Das CW-Manual enthält aufmerksamkeitsstarke, typgerechte Formulierungen, die den Nutzen, die Qualität, das Erlebnis und die Attraktivität erläutern.

Verkaufsförderung
während Ausstellungen, Messen, Veranstaltungen nutzen.

Beispiele: Sonderpreise, Zugaben, Gewinnspiele u. Ä.

CW: Die zentralen Kernkompetenzen, die auch vom Vertrieb kommuniziert werden sollen, sind im CW-Manual vorgegeben.

Personalakquisition
zur professionellen Besetzung vakanter Stellen – ein wesentlicher Faktor für den Unternehmenserfolg.

Beispiele: Vorträge an (Hoch-)Schulen halten, Abschlussarbeiten vergeben und betreuen, Praktikanten aufnehmen; Fachartikel, Stelleninserate in entsprechenden Portalen.

CW: Die zentralen Kernkompetenzen und ein Firmenprofil werden im CW-Manual für Vorträge, Präsentationen, Begrüßungs-Infopakete etc. vorgegeben.

Sponsoring
interaktive Kommunikation mit Interessenten, Kunden und Geschäftspartnern durch Event- und Sponsoringprojekte.

Beispiele: Räume für Veranstaltungen bereitstellen, Personal bzw. Referenten und externe Corporate Speaker verfügbar halten.

CW: Die zentralen Kernkompetenzen, die auf Pylonen, Infotafeln, Wegweisern etc. kommuniziert werden sollen, sind im CW-Manual vorgegeben.

Erscheinungsbild
Gleichbleibende, wiederkehrende Stilelemente in allen Formen des Auftritts als Symbole, Außen- und Innenarchitektur, Atmosphäre

schaffende Dinge wie Raumausstattung, Bepflanzung, Kleidung, Umgangsformen u. Ä.

Beispiele: Corporate Clothing für Mitarbeiter eines Grandhotels oder Hostessen für den Automobilsalon. Ensemble preisgekrönter Industriebauten als lebendiger Ausdruck der Unternehmenskultur (siehe www.erco.de und www.vitra.com).

CW: Verständliche Funktionen auf Namensschildern, Logo mit Claim; was Gebäude betrifft: durchgängige kundenorientierte Büroschilder, Wegeleitsysteme in Fluren und Fahrstühlen, Begrüßungsschilder am Kundenparkplatz und Eingang – alle sprachlichen Vorgaben sind im CW-Manual enthalten.

Costumer Relationship Management (CRM)
Kunden und potentielle Kunden, wobei der „Kunde" Händler und/oder Verbraucher sein kann.

Beispiel: Aufbau eines Informationssystems für den Vertrieb, damit der Außendienst mit kompakten, relevanten Informationen versorgt wird und zielgerichtet auf die Bedürfnisse der Kunden reagieren kann.

CW: Das CW-Manual enthält aufmerksamkeitsstarke typgerechte Formulierungen, die den Nutzen, die Qualität, das Erlebnis und die Attraktivität erläutern.

Allgemeine Öffentlichkeit
mit dem Ziel, Kontakte herzustellen, zu festigen oder auszubauen (Familien bzw. Angehörige der Mitarbeiter, Geschäftspartner wie Lieferanten, Geldgeber, Aktionäre, Eigner, Politiker, VIPs, Opinion Leader, Medien, Journalisten, bedeutsame Organisationen wie Berufs- und Branchenverbände, Kirchen, Vereine).

Beispiele: Einführung neuer Produkte, Personalveränderungen, Jubiläen, Jahresabschlüsse, Zusammenarbeit mit neuen Partnern, soziales Engagement, wichtige Besuche bis hin zur Krisenkommunikation.

CW: Das CW-Manual enthält Muster-Formulierungen, Textbausteine und Vorlagen für diese verschiedenen Ereignisse.

Evaluation: Kenndaten kontrollieren und Maßnahmen justieren
Identität ist ein permanenter Prozess, dieser muss überprüft, geeicht, neu justiert und weiterentwickelt werden. Die Evaluation bildet die Veränderung durch die Kommunikationsmaßnahmen ab und damit die Wirkung der bisherigen Prozesse. Dazu eigenen sich Instrumente wie Intensiv-Interviews, Checklisten zum Ermitteln der Ist-Situation von Identität, Verhalten und Sprache, Desk-Research oder Marktforschung. Die Ergebnisse der Evaluation liefern Ansätze, welche Zielgruppen, Botschaften, Strategien und Maßnahmen weiterzuverfolgen, zu justieren oder mehr oder weniger stark anzupassen oder gar radikal zu ändern sind.

Nach diesem Abgleich beginnt eine neue Phase des Prozesses, Identität zu entwerfen und zu entfalten – mit einzelnen Maßnahmen oder mit komplexen Kampagnen. Die Ziele bestimmen die Evaluation; denn sie will ja überprüfen, ob und inwieweit ein bestimmtes Ziel erreicht worden ist. So kann sich die Evaluation auf den gesamten Identitätsprozess mit all seinen Kampagnen erstrecken oder auch nur auf einzelne Maßnahmen beschränken. Die zentralen Fragen:

- Wie haben sich Eigenbild und Fremdbild (Image) angenähert?
- Welche Bedarfs- und Zielgruppen wurden mit welcher Wirkung erreicht?
- Welche CW-Ziele sind erreicht worden?
- Welche CW-Ziele wurden warum nicht erreicht?
- Müssen CW-Ziele, Bedarfs- und Zielgruppen, Botschaften, Strategie oder Maßnahmen feinjustiert oder geändert werden?
- Stimmt die Textqualität und welche Inhalte müssen optimiert werden?
- Welche Maßnahmen folgen daraus?

1.4.1 Das müssen Start-up-Unternehmen beachten

Identität entwerfen
Identität ist die Voraussetzung jeglicher Orientierung – für Kunden, Mitarbeiter und Marktpartner. Besonders für neu gegründete Unternehmen stellt sich die Frage, wie man eine Schlüsselposition erreichen kann. Wir haben daher im Jahr 2009 erstmals die CW-Strategie mit dem zur Unternehmensprofilierung bewährten Key-position®-Prozess von Keysselitz verzahnt (Corporate Wording, 2009, Frankfurt)

Am Beispiel eines fiktiven Start-up-Unternehmens für nachhaltige Energietechnologie zeigen wir, wie dieser Prozess schrittweise umgesetzt werden kann. Da das Unternehmen noch nicht auf dem Markt agiert, existieren noch keine Inhalte. Im ersten Schritt sind die Identitätsziele mit dem Auftraggeber gemeinsam zu definieren:

Kommunikation

1. Identität
   - Deutliche Alleinstellung im Wettbewerbsumfeld schaffen.
2. Marke
   - Produktvorteile und Kundennutzen durch eine markante Marke verdeutlichen.
   - Markenwerte definieren.
3. Sprache
   - Sprachklima mit hohem Wiedererkennungsgrad gestalten.
   - Alle Zielgruppen definieren, die am Erfolg beteiligt sind bzw. sein könnten.
   - Die Erwartungen der Kunden ergründen und darlegen.
   - Kernkompetenz klar aufzeigen.
   - Durchgängige Terminologie und Schreibweisen regeln.
   - Kommunizieren, wodurch sich das Unternehmen von Wettbewerbern unterscheidet.
   - Die Kernkompetenz in wenigen Sätzen beschreiben.

Erscheinungsbild

1. Visualisierung
   - Stimmigen visuellen Auftritt zum strategischen Unternehmenskonzept entwickeln.
   - Das Erscheinungsbild zielgruppengerecht darstellen.
2. Symbolik und Farben
   - Eigenständiges merkfähiges Logo entwickeln.
   - Flexible nachhaltige Designelemente schaffen.
   - Passende Farben-Welt zu den Botschaften und Inhalten definieren.
   - Logo so gestalten, dass es in allen Medien einsetzbar ist.
   - Designelemente durchgängig in allen Medien einsetzen.
   - Kompaktes Design-Regelwerk schaffen, einschließlich Reinzeichnung sowie CMYK- und RGB-Datei des Logos für Print und Online (Grafikdesign).
3. Bildsprache
   - Markanten Fotostil entwickeln, der die Unternehmenssprache unterstützt.

Textliche und visuelle Umsetzung

1. Geschäftsausstattung (St)art-Box
   - Briefbogen, Seiten 1 und 2, universal einsetzbar für Korrespondenz, Rechnungen, Angebote
   - Druckvorstufe: Word-Datei, InDesign, PDF
   - InDesign-Druckvorlage inkl. Beschnitt etc.
2. Visitenkarten
   - Druckvorstufe: InDesign, PDF
   - InDesign-Druckvorlage inkl. Beschnitt etc.
3. Werbemittel (St)art-Box
   - Grundkonzept/Template für InDesign
   - InDesign-Druckvorlage inkl. Beschnitt etc.
   - Flyer, Klappkarte

   Zielgruppen:
   a) Multiplikatoren aus Politik/Wirtschaft/Verwaltung
   b) Bauherren

   Textgestaltung, Start-Flyer kurz und lang
   - Druckvorstufe: Word-Datei, InDesign, PDF
   - Einweisung/Coaching: Online Druckabwicklung
4. Homepage St(art)-Box
   - Grundkonzept (Layout, Seitenaufbau, Nutzerführung)
   - Einrichtung Content-Management-System
   - Layout-Vorlagen für Saison-Themen (Bsp. Sommer → kühlen, Winter → heizen)
   - Text und Bild-Gestaltung

Nach diesen Zielvorgaben sind die für den Key-position®-Prozess erforderlichen Aufgaben zu definieren und in Gang zu setzen.

Key-position®-Prozess	**Aufgaben, Ergebnisse**
Analyse: Auf Klarheit konzertieren	Sammeln: Fakten zusammentragen intern und extern (Partner und Wettbewerber) Selektieren: Fakten bewerten Ergebnis: Partner wie Wettbewerber lassen keine eigenständige Profilierung erkennen. Einer orientiert sich offenbar am anderen, und man schreibt voneinander ab.
Ist-Position: Knackpunkte konkretisieren	Erkennen: Bedarf nach Zielgruppen entsprechend der Energie-Probleme ermitteln. Kombinieren: Ziel-/Bedarfsgruppen mit Energie-Lösungen und künftigem Bedarf verknüpfen. Ergebnis: Wärmedämmung ist keine Lösung, sondern die Heiztechnologie, die unnötige Energie verschwendet.
Strategie: Leitfaden kreieren	Übertragen: Zentralen Hebel für die durchgängige Kommunikation finden. Stilisieren: Hebel muss zentrale Unternehmensidee reflektieren. Lösung Es wurde die Leitidee entwickelt, die absichtlich einen Widerspruch darstellt und dadurch Aufmerksamkeit weckt.
Maßnahmen: Komplexität komprimieren	Abstimmen: Maßnahmen für Botschaften nach Zielen und Zielgruppen. Koordinieren: Maßnahmen, die Ziele spiegeln und Zielgruppen erreichen. Lösung: Typologische Argumentationsmodule jeweils auf Rationalisten, Konservative, Intuitive und Emotionale ausrichten.

Key-position®-Prozess	Aufgaben, Ergebnisse
Implementierung: Kontinuität komponieren	Interagieren: Unternehmens-Idee in Maßnahmen und Medien erlebbar machen. Inszenieren: Von der Information zur Integration, von der Identifikation zur Interaktion. Lösung: Die Leitidee wird visuell durch ein Logo unterstützt, das etwas scheinbar Unmögliches darstellt. Beispiel aus der Branche: Text: Heizen mit Eis. Bild: Eiswürfel mit Flamme. (Technischer Hintergrund: Energiegewinn durch Eiskristallisation beim Gefrier- und Schmelzprozess)
Evaluation: Kenndaten kontrollieren, Konsequenzen klären	Sammeln: Fakten und Stimmungen zusammentragen. Justieren: Erreichtes mit Zielen abgleichen, Prozess eichen und weiterentwickeln.

Zusammengefasst stellt sich dieser Prozess wie folgt dar:

Ebene	**Key-position®-Prozess in Gang setzen** Identität entwerfen			
Phase	**1. Sensibilisierung** Kurs kundtun	**2. Analyse** Auf Klarheit konzentrieren	**3. Ist-Position** Knackpunkte konkretisieren	**4. Soll-Position** Kompetenz kristallisieren
Aufgabe	**Informieren** Mängel offenbaren, Wunsch nach Veränderungen entfachen	**Sammeln** Fakten, Stimmen und Stimmungen zusammentragen	**Erkennen** • Zielgruppen • Probleme • Bedarf	**Festlegen** Botschaften für Ziele und Zielgruppen
Ansatz	**Integrieren** Führung, Mitarbeiter und Partner (Lieferanten einbinden)	**Selektieren** Fakten, Stimmen und Stimmungen bewerten	**Kombinieren** Zielgruppen mit Problemen und Bedarf verknüpfen	**Reduzieren** Bedarf führt zu Zielen, aus Zielen folgen Botschaften

Tabelle 2: Identität entwerfen (Quelle: Förster, Corporate Wording, 2009)

1.4.2 Darauf müssen expandierende Unternehmen achten

Mehrheitlich wenden sich Unternehmen an uns, die seit Jahrzehnten erfolgreich agieren und dabei meist unkoordiniert bis zum Großunternehmen gewachsen sind. Keine Seltenheit: Unabhängige, familiengeführte Unternehmen, die sich in Nischenmärkten zum Spitzenanbieter hochgearbeitet oder sich die Position als Umsatzmilliardär festigen wollen. Deren Frage: Wo sollen wir am besten mit Corporate Wording ansetzen?

Um eine individuelle Antwort auf diese allgemeine Frage zu finden, empfehlen wir Projektleitenden eine „Identitätsreportage" durchzuführen: Die Rede ist von einer visuellen und verbalen Bestandsaufnahme der Kommunikation des Unternehmens. Tragen Sie Schriftstücke und Textproben aus verschiedensten Unternehmensbereichen zusammen und fotografieren Sie Texte am Gebäude, am Fuhrpark, auf Infotafeln oder auf Kundenparkplätzen. Präsentieren Sie die gesammelten Werke in einer Ausstellung und laden Sie die Betroffenen sowie die Entscheider zu einer (virtuellen) Vernissage ein.

In den Spiegel schauen

Unternehmensidentität ist weder gut noch schlecht, sondern harmonisch oder disharmonisch. Das Image eines Unternehmens entsteht im Spannungsfeld von eigenem Selbstverständnis, der Kommunikation mit den Zielgruppen und der subjektiven Wahrnehmungen durch die Öffentlichkeit und Märkte. Emotionale Einflussfaktoren und wachsende Veränderungsgeschwindigkeit müssen Sie daher in die CW-Strategie integrieren.

Harmonische Identität ist Ausdruck einer engagiert verfolgten Strategie. Erscheinungsbild, Kommunikation der Leistung und Verhalten sind völlig aufeinander abgestimmt. Bilden diese keine spürbare Einheit, ist dies ein Signal von Schwäche, das sich auch in der Textqualität wiederfindet. Die Beiträge unserer Gastautoren verdeutlichen, wie wichtig es ist, alle Disziplinen untereinander abzustimmen und unter einen Hut zu bringen.

Mit dem nachfolgenden Check lässt sich der Status quo der Unternehmensidentität detailgetreu abbilden:

Kommunikation/Unternehmenssprache

Beachten Sie ergänzend die Gastbeiträge „Corporate Communications", „Corporate Wording" und „Corporate Speaking®" zu Beginn des Buches (ab Seite 14).

Strategische Positionierung

- Gibt es in Ihrem Hause eine klar definierte Kernkompetenz?
- Macht diese die Alleinstellung – auch durch den gewählten Wortlaut – im Wettbewerbsumfeld deutlich?
- Ist die Positionierung auch überregional/international tragfähig?
- Wissen Sie, warum Ihre Kunden zu Ihnen kommen?
- Wissen Sie, warum potentielle Kunden Ihr Unternehmen meiden?
- Kennen Sie die Erwartungen Ihrer Kunden an Ihr Unternehmen?

Kommunikationsstil (Wording und Speaking)

- Wissen Ihre Kunden, wodurch sich Ihr Unternehmen von Wettbewerbern unterscheidet?
- Können Ihre Mitarbeiter die Kernkompetenz Ihres Unternehmens in wenigen Sätzen beschreiben?
- Kennt Ihr Unternehmen alle Zielgruppen, die an seinem Erfolg beteiligt sind bzw. sein können?
- Informiert Ihr Unternehmen regelmäßig schriftlich Mitarbeiter, Kunden und Geschäftspartner mit relevanten Inhalten?
- Passt der Kommunikationsstil Ihres Unternehmens zu der Positionierung?

Marke/Markenarchitektur

- Werden durch Ihre Marke Produktvorteile und Kundennutzen deutlich?
- Werden bei Ihren Marken Gemeinsamkeiten/Unterscheidungen deutlich?
- Gibt es in Ihrem Unternehmen eine festgelegte Markenstrategie?

Erscheinungsbild

Beachten Sie ergänzend die Gastbeiträge „Corporate Identity“, „Corporate Design“ und „Corporate Sound“ ab Seite 15.

Ausrichtung

- Stellt das Erscheinungsbild Ihr Unternehmen so dar, wie Sie es sehen?
- Stimmen visueller und auditiver Auftritt und strategisches Unternehmenskonzept überein?
- Ist das Erscheinungsbild zielgruppengerecht?

Symbolik, Sound

- Ist das Logo eigenständig und merkfähig?
- Sind die Designelemente zeitgemäß und flexibel?

- Ist der Fotostil aussagekräftig?
- Passt die Farben- und Audiowelt zu den Botschaften und Inhalten Ihres Unternehmens?
- Ist die Symbolsprache (z.B. Piktogramme) verständlich und einheitlich?
- Stimmt das ganzheitliche Erscheinungsbild (Fortsetzung)?

Wirkung
- Ist das Logo auf allen Trägern problemlos einsetzbar?
- Werden die Designelemente Ihres Unternehmens (z.B. Schriften, Farben) durchgängig und in allen Medien (auch international) eingesetzt?
- Gibt es in Ihrem Unternehmen ein Designhandbuch?
- Sind Sie mit Ihrem Designhandbuch zufrieden?
- Präsentiert sich Ihr Unternehmen mit einheitlich gestalteten Kommunikationsmitteln?
- Sind Sie mit Ihrem Informations- und Wegeleitsystem zufrieden?

Verhalten
Beachten Sie den Gastbeitrag „Corporate Behavior“ auf Seite 18.

Information
- Wissen alle Mitarbeiter all das über ihr Unternehmen, was sie unbedingt wissen müssen?
- Wissen alle Mitarbeiter, wo sie die nötigen Informationen erhalten?
- Wissen alle Führungskräfte, wen sie informieren sollen?
- Passen die internen Kommunikationsmittel zu den Kommunikationswegen?

Integration
- Sind Entscheidungen transparent und nachvollziehbar?
- Finden regelmäßige Mitarbeitergespräche statt?
- Fördert Ihr Unternehmen neue Ideen und Verbesserungsvorschlage?
- Arbeiten die Abteilungen kooperativ und offen zusammen?
- Ziehen alle Mitarbeiter gemeinsamen an einem Strang?

Identifikation
- Wird Anerkennung ausgesprochen?
- Ist gegenseitige Wertschätzung spürbar?
- Identifizieren sich alle Mitarbeiter mit ihren Aufgaben?

- Werden Mitarbeiter nach ihrer Begabung eingesetzt bzw. ihre Begabung gefördert?

Interaktion
- Werden Ideen auch umgesetzt?
- Sind alle im Unternehmen bereit für Veränderungen?
- Gibt es Identifikationspersonen und Vorbilder?
- Wird überprüft, ob Ziele auch tatsachlich erreicht werden?

Jede Frage, die Sie mit „Nein“ oder mit „Ich weiß nicht“ beantwortet haben, ist ein Signal für Handlungsbedarf.

Nein: Ist-Situation ändern, damit dieses Defizit nicht länger besteht.

Ich weiß nicht: Nachforschen und Maßnahmen daraus ableiten.

Startpaket 1 für Projektleiter:
Wir haben Ihnen eine Checkliste online bereitgestellt, die Sie durch einfaches Ankreuzen von je drei möglichen Antworten ausfüllen und selbst auswerten können.
www.wording.de/startpakete

Identitätsziele prüfen und optimieren
Wer kann anderen sagen, welche Vorzüge er hat, wenn er sich selbst darüber nicht im Klaren ist? Wenn man Mitarbeiter nach Aufgaben und Stärken eines Unternehmens befragt, folgen unterschiedlichste Antworten. Jeder sieht das Unternehmen aus einem anderen Blickwinkel. Entsprechend unterschiedliche, häufig voneinander abweichende Textvariationen über die Selbstdarstellung des Unternehmens sind die Folge. Wem ein Kompass fehlt, der die Richtung zeigt, hat ein Problem. Die Rede ist von den Unternehmen, die nicht definiert haben, was sie tun, und nicht festgelegt haben, was sie mit ihrer Arbeit langfristig erreichen wollen.

Identität erfordert eine klare Sprache, mit der die Kompetenz des Unternehmens vermittelt wird. Ziel ist, sich von der Konkurrenz abzuheben, ohne als „abgehoben“ zu erscheinen. Dafür benötigen die Mitarbeiter eine realistische Maßgabe für ihr Handeln und eine realisierbare Vision von der künftigen Bedeutung ihres Unternehmens.

Die Devise: Erfassen, wie man gesehen wird, und beschließen, wie man gesehen werden will. Die zentralen Fragen lauten in diesem Zusammenhang:

- Was wissen die verschiedenen Bedarf- und Zielgruppen über unser Unternehmen und dessen Leistungen?
- Weiß das Unternehmen, wer die Bedarfs- und Zielgruppen sind und welche Ziele und Wünsche diese habe?
- Was sollten die Bedarfs- und Zielgruppen wirklich wissen?

Startpaket 2 für Projektleiter:
Wir haben Ihnen eine Zielgruppen-Matrix zum Download bereitgestellt, mit der Sie einen kompakten Überblick über Kommunikationsprobleme, -bedarf, -mittel, -botschaften und -maßnahmen erhalten.
www.wording.de/startpakete

1.5 CW-Projekte in sechs Stufen

Das Leitbild ist die Basis der Identitäts- und Sprachentwicklung und schafft Orientierung über manifestierte Werte, Normen, Ziele, Visionen und Verhaltensgrundsätze in Unternehmen. Aus ihm lassen sich die CW-Strategie, Richtlinien und Maßnahmen zur Umsetzung ableiten. Am Leitbild orientieren sich Mitarbeiter, Partner und Kunden. Da es schriftlich erstellt und kommuniziert wird und in alle Unternehmensbereiche greift, ist das Erstellen eines Leitbildes mit Corporate Wording verzahnt.

Nach außen signalisieren die Mitarbeiter die Bereitschaft der Unternehmen zu gesellschaftlicher Verantwortung und spiegeln damit die Selbstverpflichtung von Unternehmen gegenüber den verschiedenen Anspruchsgruppen wider. Das Leitbild wirkt also nach innen und außen gleichermaßen und wird in beide Bereiche kommuniziert.

Ein falsch oder unklar kommuniziertes Leitbild entscheidet dabei schnell über Erfolg oder Misserfolg einer Kommunikationsstrategie. Dies erfordert eine hohe Kommunikationskompetenz. Die Qualität von Leitbildern lässt sich mit zwei wesentlichen Parametern beurteilen:

1. dem Wahrheitsgehalt bzw. die tatsächliche Umsetzung und
2. der Sprache in Bezug auf Stil, Terminologie und Relevanz für die verschiedenen Anspruchs- und Bezugsgruppen.

Eine CW-Studie, die im Rahmen einer Bachelor- und Masterthesis im Jahr 2009 an der OTH Amberg-Weiden erstellt wurde, beurteilte die Qualität der Sprache von Leitbildern. Im Fokus der Untersuchung stand dabei die Frage: Sind die Leitbilder wirklich individuell, leere Worthülsen oder schlimmstenfalls gar gegenseitige Plagiate?

Untersucht wurden 120 Leitbilder deutscher Unternehmen aus den Segmenten Bildung, Wissenschaft und Forschung, Bund und Länder, Finanzdienstleistungen, Handel und Industrie. Ergebnis: Neben einem überwiegend rationalen Sprachklima wird die Zuverlässigkeit, Tradition, Sicherheit und Beständigkeit betont – empfehlend argumentierend, historisch erläuternd oder qualitativ überzeugend. Ein gefühlsbetontes, erlebnisorientiertes Sprachklima ist deutlich unterrepräsentiert. Wertebegriffe, die Emotionen oder die Erlebniswelt der Arbeit betonen, kommen nur sehr selten vor.

Engagement, Service, Team, Management und Innovation sind die fünf häufigsten Anglizismen. Kernbotschaft jedes Leitbilds bilden die zentralen Werte, die das Unternehmen kommunizieren will. Qualität, Leistung, Sozialität, Erfolg und Verantwortung sind die am häufigsten genannten Wertebegriffe. Insgesamt sind die Leittexte diffus und kompliziert formuliert. Viele Unternehmen präsentieren ihr Leitbild als Besinnungsaufsatz – genau so formuliert und auch so formal aufbereitet: Die Wertebegriffe als Kernbotschaft jedes Leitbilds verschwinden in einem breitgetretenen, schwer verdaulichen Wortteig, nicht selten aufgeblasen mit Nebensächlichem.

Damit die Kernbotschaft den Leser (Mitarbeiter, Kunde oder Lieferanten – um nur die wichtigsten Adressaten zu nennen) erreicht und er sie auch behält, sollten sich Leitbilder auf das Wesentliche konzentrieren: das Mitteilen von *Kernkompetenz, Verantwortung* und *Zielen* – manifestiert in zentralen Wertebegriffen.

Das „Leitbild für verantwortliches Handeln in der Wirtschaft" – ein Gemeinschaftsprojekt der deutschen Wirtschaft – liefert seit 2010 beispielhafte Vorgaben. Über 40 Unternehmen und fünf Organisationen haben es unterzeichnet. Der Leitbildprozess wird vom Wittenberg-Zentrum für Globale Ethik moderiert. Der Ehrenaufsichtsratsvorsitzende der BASF und Initiator des Leitbildes, Prof. Dr. Jürgen Strube: „Mit dem Leitbild wollen wir als Führungskräfte deutscher Unternehmen ein Zeichen setzen: Als Führungskräfte haben wir eine besondere Vorbildfunktion. Wenn die Menschen uns nicht mehr als Vorbilder wahrnehmen, leidet das Vertrauen in unser Wirtschaftssystem und letztlich in die Demokratie." Das Leitbild setzt überprüfbare Standards, die in den beteiligten Unternehmen fest verankert werden sollen. Die Dokumentation finden Sie in der deutschen und englischen Fassung auf: www.verantwortlich-handeln.com.

Ein optimales Leitbild ist wie …
… ein Fingerabdruck, der das Einzigartige eines Unternehmens verdeutlicht und erklärt, woran dies erkennbar ist. Aus vier Mosaiksteinen ergibt sich ein vollständiges Bild:

1. Kompetenz
Das Selbstverständnis als Grundlage für Verantwortung und Qualität.

2. Ausblick
Eine Wegskizze, die von der Vision zur Tat führt.

3. Strategie
Ein konkreter Plan, wie die Ziele erreicht werden sollen.

4. Motivation
Den Rahmen abstecken, in dem man sich verwirklichen kann. Mitarbeiter werden sich für ein authentisches, ehrliches Leitbild interessieren, wenn Unternehmensziele und Eigeninteresse eine große Schnittmenge haben,

- sich aus den Leitsätzen persönliche Ziele ableiten lassen,
- die persönliche Leistung als Beitrag zum gemeinsamen Erfolg gewürdigt wird.

Dabei sollte jeder Wertebegriff eine Headline bilden, die dem Leser ins Auge springt. Ein anschließender Text erklärt dem Leser knapp und prägnant die Details mit genauen Attributen.

Beispiel:
Die Daimler AG hatte in ihrem Geschäftsbericht 2007 zu jedem der sieben Buchstaben D-A-I-M-L-E-R einen Markenwert mit passendem Anfangsbuchstaben in Englisch zugeordnet und dessen Bedeutung kurz erläutert (dedication, ambition, innovation, mobility, leadership, efficieny, responsibility), wie beispielsweise:

ded|i|ca|tion [Hingabe, die] <lat.>; Die Leidenschaft für immer bessere Produkte und höchste Qualität treibt uns an. Sie ist die Basis für unsere führende Position im Wettbewerb. Wir wollen unsere Kunden mit faszinierenden Premium-Pkw, erstklassigen Nutzfahrzeugen und maßgeschneiderten Serviceleistungen begeistern. Und das immer wieder neu.

1.5.1 Stufe 1: Textbestand erfassen und prüfen

Beim Implementieren von Corporate Wording geht es primär darum, vorhandene, zum Teil willkürlich formulierte Inhalte nach eindeutigen Regeln und Empfehlungen zu optimieren. Diese Arbeit beginnt mit dem Zusammentragen von Textdokumenten und einer anschließenden Textanalyse. Die Checkliste hilft beim Zusammenstellen der wichtigsten schriftlichen Informationen und deckt vielleicht schon erste Defizite auf, dann nämlich, wenn zu einem der folgenden Bereiche keine Unterlagen vorhanden sind.

Checkliste zur Bestandsaufnahme

Regelwerke	Wo und in welcher Form vorhanden? Wer ist der verantwortliche Herausgeber? Wie ist der Verteiler aufgebaut? Wie häufig und in welcher Auflage erscheint der Inhalt?
Unternehmensgrundsätze, Leitbild	
Corporate Design	
Corporate Sound	
Corporate Behavior	
Corporate Speaking®	
Corporate Publishing	
Corporate Media	

Darüber hinaus sollten folgende Dokumente als Stichproben für Textanalysen zur Textoptimierung zusammengetragen werden:

Unternehmen
- Bezeichnungen
- Firmenportrait
- Geschäftsbericht
- Gebäudebeschriftungen

etc.

Produkte
- Produktbezeichnungen
- Technische Daten
- Gebrauchsanweisungen
- Montageanleitungen
- Garantiekarten
- Verpackungen

etc.

Personalentwicklung
- Stelleninserate
- Bewerberkorrespondenz
- Stellenbeschreibungen
- Zeugnisse
- Mitarbeiterinformationen
- Schulungsunterlagen/-medien

etc.

Buchhaltung
- Rechnungen
- Mahnungen

etc.

Werbung
- Anzeigen
- TV-, Radio-Werbung
- Internet
- Werbemittel
- Werbepräsente

etc.

Druckunterlagen
- Visitenkarten
- Briefbögen
- Kurzmitteilungen
- Hand-outs
- Faltblätter
- Prospekte
- Kataloge

etc.

Mailings
- Werbende Briefe
- E-Mail-Kampagnen

etc.

Einladungen
- Messen, Ausstellungen
- Tagungen

etc.

Presse- und Öffentlichkeitsarbeit
- Presseinformationen
- Pressekorrespondenz
- Rezensionen/Testmuster
- Messe-Pressearbeit
- Kunden-/Mitarbeiterzeitung

etc.

Korrespondenz intern/extern
- Angebote
- Geschäftsbedingungen
- Verträge
- Informationen
- Rundbriefe
- Anweisungen
- Glückwunschschreiben
- Kondolenzschreiben

etc.

Vertrieb
- Akquisitionsunterlagen
- Präsentationsmittel
- Argumentationssammlung
- Schulungsunterlagen
- Zahlen und Fakten

etc.

Abbildung 6: Checkliste Dokumentenbestand (Quelle: Förster & Förster)

Die zusammengetragenen Unterlagen können mithilfe der folgenden Kernfragen miteinander verglichen werden:

- Stimmen die Firmen- und Bereichsbezeichnungen in allen Dokumenten?
- Sind die Unternehmensbotschaften (Claim, Slogans, Kampagnen) durchgängig und einheitlich?
- Wurden die Werbeaussagen auf den verschiedenen Werbeträgern aufeinander abgestimmt?
- Lässt sich in den Texten von Verkaufsunterlagen und Anzeigen eine Verwandtschaft erkennen?
- Sind die Briefe inhaltlich und von der Form her in allen Abteilungen gleich?
- Sind die Produktnamen auf Verpackung, Anleitung, Rechnung und in Werbeunterlagen identisch?
- Werden in Brieftexten die gleichen Typologien angesprochen wie in den Werbetexten?
- Ist die Korrespondenz frei von Amtsfloskeln?
- Entsprechen die Inhalte den Unternehmensgrundsätzen?
- Berücksichtigen Text, Typografie, Bild, Grafik, Papier (Print) bzw. Ton (Multimedia) das Identitätsziel?

Vergleich mit der Konkurrenz

Für die Entwicklung eines zum Unternehmen passenden Sprachklimas ist das Wissen um die Inhalte der Wettbewerber und deren Sprachstile wichtig. Folgende Fragen unterstützen die Konkurrenzanalyse:

- Wodurch unterscheiden sich unsere Unternehmensgrundsätze, Leitbild, Markenwerte und Firmenportrait von der Konkurrenz?
- Sind unsere Produkt- und Anwendungsbeschreibungen vielfältiger?
- Wirken unsere Texte attraktiver?
- Heben sich unsere Argumente deutlich ab?
- Wurden in unseren Texten die kundentypischen Argumente besser berücksichtigt?
  - Technik/Preis für die Perfektionisten
  - Qualität/Tradition für die Konservativen
  - Innovation/Kreativität für die Impulsiven
  - Service/Umwelt für die Emotionalen

- Wurden die typischen Erwartungen der Kunden in unseren Texten besser widergespiegelt?
  - zum Objekt (Gegenstand)
    z.B. Material, Form, Farbe, Konstruktion, Funktion u.a.
  - zur Sache (Anforderung)
    z.B. Wirkung von Technik, System, Anpassung, Organismus oder über Bedienung und Ökonomie u.a.
  - zum Vertrag
    z.B. Service, Präsenz, Entgelt, Kommunikation u.a.
  - zum Reiz
    z.B. über Empfindung wie Wert, Vertrauen, Ästhetik oder über Antrieb wie Besitz, Sicherheit, Sozialethik u.a.

1.5.2 Stufe 2: Maßnahmen für CW-Ziele festlegen

In dieser Stufe sind je nach Ausgangssituation verschiedene Maßnahmen nötig, um Corporate-Wording®-Ziele zu erreichen:

Ausgangssituation:
Eine Schweizer Versicherung hat durch einen Wettbewerbsvergleich festgestellt, dass die Textqualität der Wettbewerber deutlich besser ist als die im eigenen Unternehmen.

Maßnahme: Überarbeitung der vorhandenen Inhalte.

Ziel: lesefreundliche, konsistente, markenstarke und kundennahe Texte.

Ausgangssituation:
Bei einem Energieversorger haben sich die Kundenbeschwerden gehäuft, Reklamationen wurden nicht zufriedenstellend gelöst. Stattdessen wurden arrogante Kundenbriefe verfasst, in denen dem Kunden die Schuld für die Ursache der Reklamation zugeschrieben wurde.

Maßnahme: Bewusst eine markante, sympathische Unternehmenssprache in der Kundenkommunikation einführen.

Ziel: das kundennahe Sprachklima soll von Kunden, die reklamieren, deutlich als positive Wandlung erkannt werden.

Ausgangssituation:
Ein Start-up-Unternehmen wünscht eine klassische Geschäftsausstattung: Visitenkarte, Briefbogen, Imagebroschüre, Produktflyer und Homepage. Lediglich der Firmenname steht fest.

Maßnahme: Identität entwerfen (siehe Seite 59ff.), Unternehmen positionieren, Markenwerte definieren, Unternehmenssprache mit Regeln und Empfehlungen gestalten und in der Geschäftsausstattung anwenden.

Ziel: Die Einmaligkeit, Besonderheit und den Nutzen des neu gegründeten Unternehmens verschiedensten Zielgruppen deutlich machen.

Klare Ziel-Vorgaben definieren
Beispiele:

- Unsere Unternehmenssprache soll den Unternehmensgrundsätzen entsprechen und sich an unseren Identity-Zielen orientieren.
- Firmen- und Bereichsbezeichnungen sollen in allen Medien übereinstimmen (z.B. Homepage, E-Mail-Signatur, Prospekte, Anzeigen, Briefbögen, Adressaufkleber).
- Unternehmensbotschaften sollen durchgängig und einheitlich formuliert sein.
- Werbeaussagen auf verschiedenen Werbeträgern sollen aufeinander abgestimmt sein.
- Inhalte aus Verkaufsunterlagen und Anzeigen sollen eine Verwandtschaft erkennen lassen.
- Briefe/E-Mails sollen nicht nur formal, sondern auch inhaltlich in allen Bereichen übereinstimmen und frei von Amtsfloskeln sein.
- Die Argumente sollen im ausgewogenen Verhältnis Fakten vermitteln, Emotionen transportieren und klare Positionen beziehen.
- Texte sollen Sachinformationen und Beziehungsaspekte im ausgewogenen Verhältnis transportieren.
- In Kundendialogen sollen kurzlebige Modewörter, Anglizismen und Fremdwörter aus anderen Sprachkreisen nur sparsam enthalten sein.
- Informationen über Produkte und Leistungen sollen auch für diejenigen, die nicht mit unserer Materie vertraut sind, verständlich sein.

- Werbebotschaften sollen – wenn immer möglich – klare Gedächtnisbilder erzeugen.
- Schriftliche Kundendialoge sollen immer (z.B. auch in „heiklen" Briefen wie Mahnungen) ein positives Wahrnehmungsklima vermitteln.
- Unsere gesamten Textdokumente sollen möglichst alle Erwartungen unserer Kunden erfüllen oder besser: übertreffen.
- Internetauftritte sollen die Informations-, Garantie-, Erlebnis- und Kontaktfunktion erfüllen und den Dialog fördern.
- Sämtliche Texte transportieren durch die Erweiterung unseres Wortschatzes Alleinstellungsmerkmale gegenüber dem Wettbewerb. Allerweltsfloskeln wie „kundenorientiert" übersetzen wir neu.
- Unsere Wortwahl soll allgemein verständlich sein. Adjektivische Umschreibungen sollen sich deutlich von der Konkurrenz abheben.

1.5.3 Stufe 3: Unternehmenssprache definieren

Unternehmenskommunikation gilt als gelungen, wenn die in den Gastbeiträgen vorgestellten Disziplinen Corporate Design, Corporate Wording, Corporate Speaking®, Corporate Sound, Corporate Behavior, Corporate Publishing und Corporate Media ein Zusammenspiel zwischen markenkonformem Auftritt und Wertevorstellungen von Mitarbeitern und Kunden spiegelt. Doch vielleicht kennen Sie das aus eigener Erfahrung: Die Marketingabteilung wünscht sich eine Kampagne, die gut ankommt. Der Vertrieb wünscht sich moderne Flyer mit flotter Schreibe. Der Vorstand erwartet einen der Branche angepassten, konservativen und seriösen Kommunikationsstil. Was heißt schon modern, flott, angepasst, konservativ oder seriös? Ist ein flotter Text etwa unseriös? Ist konservativ zu wenig modern? Wen wundert es, wenn auf Basis solch vager und nebenbei noch abweichender Vorgaben ein homogener Unternehmensauftritt verfehlt wird? Wir sprachen ja schon auf Seite 31ff. über die typischen Ursachen der Kommunikationsdefizite.

Ein Analyse-Instrument hilft bei der Definition des Kommunikationsstils: der CW-Kompass. Er liefert durch standardisiertes Befragen Antworten auf folgende Kernfragen:

Interne Befragung:
Wie soll uns die Öffentlichkeit wahrnehmen?
Hier wird das Wunschbild des Unternehmens ermittelt.

Externe Befragung:
Welche Eigenschaften erwarten Sie vom Unternehmen?
Hier wird das Unternehmenswunschbild der Kunden ermittelt.

Mithilfe von 24 Wortpaaren gehen wir diesen Fragen systematisch auf den Grund – sei es für ein ganzheitliches CW-Konzept oder für einen einzelnen Auftrag aus einem Teilbereich der Kommunikation. Es geht darum herauszufinden, welche Eigenschaften unbedingt mit Ihrem Unternehmen in Verbindung gebracht werden sollen bis hin zu Grenzbereichen, die nicht betreten werden sollen.

Startpaket 3 für Projektleiter:
Den CW-Kompass Fragebogen haben wir online bereitgestellt. Dort finden Sie auch die Erläuterungen zu jeder der Eigenschaften, die abgefragt werden.
www.wording.de/startpakete

Mailen Sie uns an **dreinull@wording.de** den ausgefüllten Fragebogen und Sie erhalten eine kostenlose Auswertung mit Empfehlungen.

1.5.4 Stufe 4: Markenwerte kommunizieren

Unternehmens-, Fach- und Produktkompetenz müssen sich in allen Medien kurz, verständlich und im durchgängigen Sprachklima wiederfinden. Mit folgendem Kommunikations-Tableau erfassen Sie das Grundgerüst rund um die Markenwerte. Ergänzen Sie die folgenden Punkte mit den Inhalten Ihres Unternehmens.

Dachmarken/Submarken:
Schriftzug, Symbol, Farben, Sound, internationale Besonderheiten

Marken-Philosophie:
Basis für die Identität

Selbstverständnis:
Die Rolle des Unternehmens in der Gesellschaft

Geschäftsfelder:
Leistungen und Kernkompetenzen

Markenwerte:
Markenattribute und deren Bedeutung/Interpretation

Kundennutzen:
Markenversprechen, sekundäre Markenbotschaften

Kurzprofil:
Unternehmensbeschreibung in maximal 5 Zeilen.

Das Strategieprinzip: Ausgangspunkt ist die Wort- oder Wort-/Bild-Marke (siehe Abbildung 7). Die Richtschnur bilden die Markenwerte, an die sich Vision, Leitbild etc. anschließen. Daraus werden Sprachklima, Empfehlungen, Richtlinien und Regeln entwickelt. Standardbriefe, Textbausteine etc. unterstützen Mitarbeiter, und Prüftools sichern die durchgängige Textqualität.

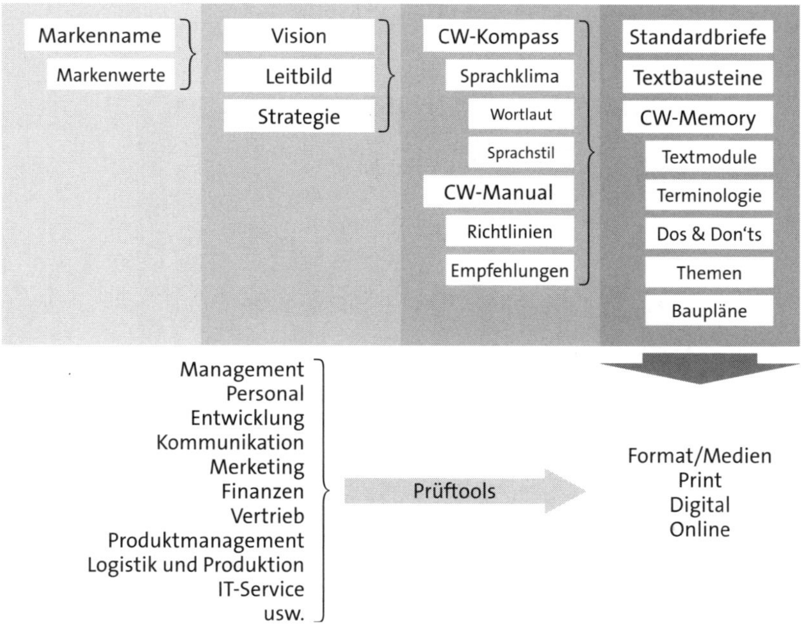

Abbildung 7: CW-Strategieprinzip (Quelle: Förster & Förster)

Informieren Sie Ihre Mitarbeiter über die Bedeutung der Unternehmenssprache. Tauschen Sie gemeinsam Beobachtungen und Erfahrungen aus. Etwa so:

> *„Sprache ist ein wesentlicher Teil der Identität Ihres Unternehmens. Um sie zu verstehen, tun wir gut daran, deren Bedeutung und Stellung im wirtschaftlichen Gesamtrahmen zu begreifen.*
> *Wir zeigen Ihnen*
> *- warum unternehmerische Schreibkultur so wichtig ist,*
> *- in welchem Stil wir kommunizieren und*
> *- welche Hilfsmittel Ihre Arbeit künftig erleichtern."*

Corporate Wording zeichnet sich dadurch aus, dass jede einzelne Maßnahme stets mit Blick auf das Ganze erfolgt. Die Markenwerte bilden für alle Aktivitäten die verbindliche Richtschnur.

Unser Vorschlag:
Jeder Mitarbeiter erhält auf einer Art Scheckkarte die Markenwerte, die den Kern der gesamten Kommunikation bilden. Auf der Rückseite werden die Werte erläutert.

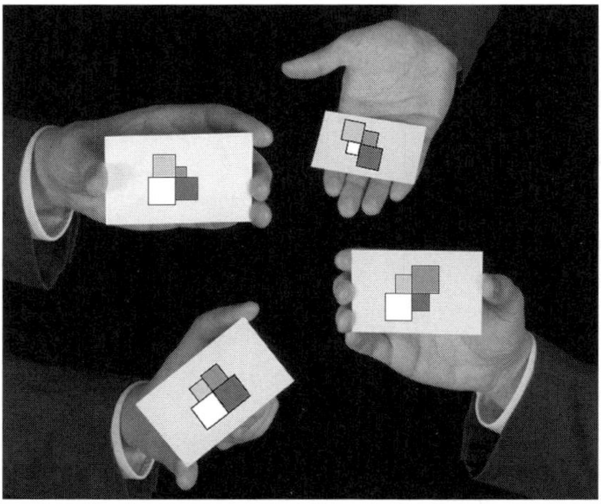

Abbildung 8: CW-Kompass (Quelle: Förster & Förster und © Vladyslav Bashutskyy – Fotolia.com)

Beispiel:
Ein Konzern will die drei Markenwerte *unternehmerisch, vielseitig* und *glaubwürdig* kommunizieren. Für die Mitarbeiter werden die Werte verbindlich erläutert und mit Hilfe von Synonymen und Redewendungen interpretiert.

Vielseitig bedeutet bei uns:
offen, aufgeschlossen, interessiert, ansprechbar, aufnahmefähig, aufnahmebereit, empfänglich, geneigt, gestimmt, aufgelegt, disponiert, zugänglich, geweckt, Interesse haben für, Interesse zeigen, sich interessiert zeigen, vielseitig sein, einen weiten Horizont haben, entgegenkommen, aufrichtig sein und handeln, mit offenen Armen aufgenommen werden, willkommen sein, ein offenes Haus führen, ein offenes Ohr haben, entgegenkommend sein, offene Türen einrennen, die Karten offen auf den Tisch legen usw.

Unternehmerisch bedeutet bei uns:
aktiv, entschlossen, initiativ, tatkräftig, beharrlich, fleißig, energiegeladen, leistungsfähig, flexibel, dynamisch, ehrgeizig, temperamentvoll, verjüngt. Unternehmungsgeist: Abenteuerlust, Aktivität, Entschlusskraft, Entschlussfreude, Initiative; Abenteuerlust, Aktivität, Tatkraft, Leistung, Elastizität, Spannkraft, Dynamik, Ehrgeiz, Temperament usw.

Glaubwürdig bedeutet bei uns:
überzeugend, zuverlässig, authentisch, vertrauenerweckend, Vertrauen genießen, verbürgt, Originalton, aus erster Hand/Quelle, echt, zuverlässig, sicher, gewährleistet, garantiert; amtlich, befugt, erprobt, Authentizität usw.

1.5.5 Stufe 5: Kurzportrait „Über uns" formulieren

Hier geht es um den zentralen Ansatz, Ihre Kompetenzaussage, zentrale Idee als Dachbotschaft oder ein Leistungsversprechen als klare Identitätsbotschaft herauszuarbeiten. Sämtliche andere Informationen leiten sich davon ab. Für ein erfolgreiches Corporate Wording ist das Entwickeln und Festschreiben einer ganz speziellen Unternehmenskompetenz ein absolutes Muss. Eine zentrale Frage ergibt sich daraus: Welche Dachbotschaft soll zielübergreifend und welche daraus abgeleiteten zielgruppenspezifischen Botschaften müssen formuliert werden?

Beispiele „Über uns → Wer wird sind → Allianz im Profil":

Zahlenorientiert mit relativ wenigen Leistungsversprechen:

> *Allianz im Profil:*
> *Die Allianz ist im Versicherungsgeschäft in Deutschland Marktführer und bedient weltweit über 83 Mio. Kunden in mehr als 70 Ländern. Solidität, Service und Kompetenz der Allianz stützen sich auf das Engagement von rund 148.000 Mitarbeitern. Im Geschäftsjahr 2013 erzielt die Allianz-Gruppe einen gesamten Umsatz von rund 110,8 Mrd. Euro. Die Allianz ist einer der größten Asset Manager der Welt und verwaltet für ihre Kunden Kapitalanlagen im Wert von 1.361 Mrd. Euro.*

Ergänzend werden „Allianz Fact Sheet" mit weiterführenden Informationen zum Download angeboten. (Quelle: www.allianz.com/de/ueber_uns/wer_wir_sind/auf_einen_blick/index.html# [18.5.2014])

Konservativ mit relativ hohem Anteil an Leistungsversprechen

> *Das Goethe-Institut ist das weltweit tätige Kulturinstitut der Bundesrepublik Deutschland.*
> *Wir fördern die Kenntnis der deutschen Sprache im Ausland und pflegen die internationale kulturelle Zusammenarbeit. Darüber hinaus vermitteln wir ein umfassendes Deutschlandbild durch Information über das kulturelle, gesellschaftliche und politische Leben. Unsere Bildungsangebote ermöglichen Mobilität in einer weltweiten Lerngemeinschaft.*
> *Mit unserem Netzwerk aus Goethe-Instituten, Goethe-Zentren, Kulturgesellschaften, Lesesälen sowie Prüfungs- und Sprachlernzentren nehmen wir seit über sechzig Jahren weltweit zentrale Aufgaben der auswärtigen Kultur- und Bildungspolitik wahr.*

Auf der Homepage werden ergänzend Infos über Leitbild, Geschichte, Organigramm etc. angeboten. (Quelle: www.goethe.de/uun/deindex.htm [18.5.2014])

Ein kurzer Mix aus rationalen und emotionalen Leistungsversprechen:

> *Fast Facts:*
> *Microsoft ist weltweit führender Hersteller von Standardsoftware, Services und Lösungen. Sie helfen Menschen sowie Unternehmen aller Branchen und Größen ihr Potenzial voll zu entfalten. Sicherheit und Zuverlässigkeit, Innovation und Integration sowie Offenheit und Interoperabilität stehen bei der Entwicklung aller Microsoft-Produkte im Mittelpunkt.*

Ergänzend folgen Infos über die Microsoft Deutschland GmbH, Geschäftsbereiche und Aufgabenfelder. (Quelle: www.microsoft.com/de-de/corporate/ueber-uns/ [18.5.2014])

Ein Mix aus rationalen und emotionalen Leistungsversprechen:

> *Der Verein:*
> *Greenpeace in Deutschland hat seinen Sitz in Hamburg, besteht seit 1980 und ist ein gemeinnütziger, eingetragener Verein: Zweck des Vereins ist es, so steht es in der Satzung unter §2, als international tätige ökologische Organisation die Probleme der Umwelt, insbesondere die globalen, bewusst zu machen und die Beeinträchtigung oder Zerstörung der natürlichen Lebensgrundlagen von Menschen, Tieren und Pflanzen zu verhindern; darüber hinaus nimmt Greenpeace die Interessen der Verbraucher wahr.*

Ergänzend stehen Informationen über die Satzung, den Verhaltenskodex und die Jahresbilanz zum Download bereit. (Quelle: www.greenpeace.de/themen/ueber-uns/der-verein [18.5.2014])

Ein Unternehmen, das sich in eine Spitzenposition bringen oder diese festigen will, braucht Ordnung im üblichen Chaos der Ausdrucksformen. Das erfordert Disziplin und die Freiheit, den einheitlichen Stil mit der Vielfalt des Sprach- und Formenausdrucks zu verbinden. *Einheit in Vielfalt* heißt das Prinzip. Die Identitätskommunikation steuert Vorstellungen, die sich Dritten als Image einprägen. Kommunikationsmittel, Medien und Mitarbeiter sind die entscheidenden Träger und Mittler. Je eindeutiger die Kommunikationsarbeit ist, desto mehr Identität wird transportiert.

1.5.6 Identitätskommunikation bündeln

Der Transport der Unternehmensidentität erfolgt durch Mitarbeiter mit Hilfe von Kommunikationsmitteln und -medien. Die (Kern)Kompetenz muss unmissverständlich formuliert werden und Folgendes sicherstellen: der Unternehmensname muss als Codewort für eben diese Kompetenz in der Marktmeinung verankert sein.

Herausragendes Beispiel, da mit nur zwei Worten die Kernkompetenz und die Wortmarke kommuniziert werden:

Brille. Fielmann.

Weitere bekannte Leitaussagen und Claims, die mit der Marke stark verknüpft sind und einen hohen Bekanntheitsgrad durch Konsistenz genießen. Testen Sie selbst. Welche Marke steckt hinter welcher Aussage?

Vorsprung durch Technik
Dahinter steckt immer ein kluger Kopf
Fakten. Fakten. Fakten.
Think different.
3… 2… 1… meins!
Wir geben Ihrer Zukunft ein Zuhause
Just do it.
Wir machen den Weg frei.

Lösung:
Audi, F.A.Z., Focus, Apple, ebay, LBS, Nike, Volks- und Raiffeisenbanken

Leitaussagen wie „Ich bin doch nicht blöd!“ von Media Markt oder „Bitte ein Bit“ von Bitburger genießen zwar einen hohen Bekanntheitsgrad, enthalten aber keine Kompetenzaussage.

Bitte ein Bit? In der Informatik steht der Bit unter anderem als Maßeinheit für die digitale Datenmenge (binary digit).

Das Unternehmen steht vor der Aufgabe, im Rahmen der einmal festgelegten Kompetenz laufend neue Verbraucherbedürfnisse aufzuspüren und Produkte oder Leistungen zu entwickeln, die die Impulskraft der Unternehmenskompetenz aktualisieren. So verwendet zum Beispiel Audi seinen Slogan seit 1971, der seither die Geschicke des Unternehmens als programmatische Botschaft begleitet.

Ganz im Sinne dieses Leitsatzes erschien 1972 der Audi 80 der ersten Generation, der mit etlichen technischen Neuerungen den Vorsprung deutlich und erlebbar machte. In der „Ära Piëch" vollzog sich der Wandel von Audi zum technisch innovativen Automobilhersteller. Schrittweise wurde die Marke Audi höher positioniert: Fünfzylindermotor (1976), Turboladertechnik (1979) und Allradantrieb quattro (1980). 1985 wurde aus der Audi NSU Auto Union AG die Audi AG. Technische Innovationen stellten den Vorsprung unter Beweis: vollverzinkte Karosserien, Turbo-Benzinmotoren, Aluminiumkarosserie, erste Hybridfahrzeuge, um nur einige Meilensteine zu nennen. Die Folge: Audi zählt zu den attraktivsten Automarken. Das Wiederholen ein und derselben Botschaft brachte hier den kommunikativen Vorsprung.

Der Audi-Konzern hat sich mit seiner Strategie 2020 zum Ziel gesetzt, die weltweit führende Marke im Segment der Premiumautomobile zu sein. Das Unternehmen hat sein Handlungsfeld „Wir prägen Innovationen" mit dem Ziel der „Innovationsführerschaft" untermauert. Ein Auszug der Unternehmensstrategie, die sich aus der Vision („Die Premiummarke"), der Mission („Wir begeistern Kunden weltweit") und den Zielen zusammensetzt:

> *Mission:*
> *„Vorsprung durch Technik" umfasst die Markenwerte Sportlichkeit, Progressivität und Hochwertigkeit. Dies spiegelt sich in unseren Produkten wider, die sich vor allem durch ihr modernes Design, technologische Innovationen sowie eine hohe Material- und Verarbeitungsqualität auszeichnen. Darüber hinaus wollen wir Kundenbegeisterung vielfältig und weltweit erlebbar machen. Die Mission der Kundenbegeisterung steht deshalb weiterhin im Mittelpunkt unserer Strategie 2020. Hierfür hat die Marke Audi folgende vier Handlungsfelder definiert, die fortlaufend überprüft, weiterentwickelt und geschärft werden:*
>
> *Wir prägen Innovationen*
> *Wir schaffen Erlebnisse*
> *Wir leben Verantwortung*
> *Wir gestalten Audi*

(Quelle: www.audi.com/corporate/de/unternehmen/unternehmens-strategie.html [18.5.2014])

Wenn es an Visionen und somit an gemeinsamen Zielen in Unternehmen fehlt, obsiegt die Vision des Einzelnen, und die lautet oft: „Nimm, was du kannst!" Und so zeigt sich dann auch die Unternehmensspreche: diffus, weil jeder so schreibt, wie er am besten kann oder wie er es für richtig hält.

1.5.7 Stufe 6: CW-Manual als Wegweiser erstellen

Ein starkes Corporate Wording ist mehr als ein „symbolisches Kapital". Es ist faktisches Kapital für ein Unternehmen, das sich damit profiliert und differenziert. Somit dient CW einem messbaren Markterfolg.

Doch viele Sprachleitfäden für Unternehmenssprache beschränken sich auf Regeln zum einfachen und klaren Schreiben. Meist drehen sich sich um den Aufbau eines Kundenbriefes oder allgemein gültige Texter-Regeln für kurze, aktive, positive Sätze, frei von Floskeln, Fachausdrücken und Worthülsen. Häufig beginnen diese Regelwerke mit dem Hinweis, dass im Zentrum die Kunden stehen und dass man mit Herz schreiben soll. Diese gut gemeinten Regelwerke dienen allenfalls als Beleg und Alibifunktion, die Unternehmenssprache geregelt zu haben. Das ist falsch verstandenes Corporate Wording.

Ein CW-Manual ist mehr ein Wegweiser und weniger eine Maßanleitung. Ziel ist es, Unternehmensidentität und Unternehmensbild sprachlich in Übereinstimmung zu bringen. Dazu müssen Inhalte überlegt und gezielt mit anderen Corporate-Disziplinen in Einklang gebracht werden:

- mit den Unternehmenszielen,
- mit der Ausrichtung und der Qualität der Produkte und Dienstleistung,
- mit der multimedialen Gestaltung wie Design, Sound etc.
- mit dem Führungs- und Mitarbeiterverhalten

Wer einen schönen und sorgfältig von einem versierten Gärtner angelegten Garten sich selbst überlässt, wird zu seiner Überraschung feststellen, dass das Prachtstück in kürzester Zeit von Unkraut überwuchert wird. Von Pflanzen, die ausschließlich an sich selbst interessiert sind und nicht das geringste Verständnis für die Ambitionen des Gärtners oder des Gartenbesitzers haben. Genauso ist es mit Unternehmen. Auf sich gestellt, ist jeder Mitarbeiter nur an sich selbst interessiert, und ohne „Pflege“ folgt er nur seinen eigenen, immer sehr persönlichen Vorstellungen und Intentionen.

Es kann nicht häufig genug betont werden: Unternehmensidentität festzulegen und festzuschreiben ist und bleibt eine zutiefst unternehmerische Aufgabe! Der Auftritt einer Organisation muss relevante Inhalte bieten und verständliche Antworten auf einfache Fragen der Kunden geben.

Zusätzlich muss er in der Informationsflut unverwechselbare Akzente setzen. Das Erscheinungsbild muss sich zudem einer immer größer werdenden Komplexität der Aufgabenstellungen anpassen. Wo immer Kommunikationsfragen zu klären sind, muss der Auftritt des Unternehmens gegenüber Kunden, Mitarbeitern, Lieferanten und sonstigen Zielgruppen in sich stimmig auf unterschiedlichste Sachverhalte eingehen und dabei doch als Kommunikationsform ein und desselben Unternehmens erkennbar bleiben.

Um auf einen letzten Punkt hinzuweisen: Früher galt in allen unternehmerischen Belangen das Wort des Unternehmers oder der Geschäftsleitung als dogmatisch zu befolgende Willensäußerung. Inzwischen verfügen die Unternehmen über Mitarbeiter, die im Vergleich zu früheren Jahren entscheidend besser ausgebildet sind, zum Teil bereits in unterschiedlichen Unternehmen gearbeitet haben und daher ebenso eigenständig wie selbstbewusst die Arbeit in ihrem Verantwortungsbereich erledigen wollen.

Je qualifizierter sich aber Mitarbeiter entwickeln, desto nachhaltiger vertreten sie auch eine sehr eigene und durchaus begründbare Meinung. Diese gilt es mit den Intentionen des Unternehmens in Einklang zu bringen; mit formelhaften, nur am Millimetermaß orientierten Richtlinien können diese Mitarbeiter nichts anfangen.

Das Selbstverständnis muss mit Hilfe eines inhaltlich verständlichen, nachvollziehbaren Corporate-Programms vermittelt werden. Daraus leiten sich Produkte und Dienstleistungen ab. Wo immer das Unternehmen auftritt, muss klar werden, dass es etwas zu sagen hat. Und was es zu sagen hat, muss verstanden werden.

Richtlinien und Empfehlungen

„Stilrichtlinien im Unternehmen:
nicht um Worte und Formulierungen vorzuschreiben,
sondern um die Qualität von Unternehmenstexten zu verbessern."
Irene Drömert, 2003, Public Relations, Software AG

Ein CW-Handbuch unterscheidet zwischen Richtlinien (bzw. Regeln) und Empfehlungen:

Richtlinien
legen die Hausorthografie und das Sprachklima fest (die Mischform zwischen sachlichem, konservativem, progressivem und emotionalem Stil).

Empfehlungen
sind vergleichbar mit einer Speisekarte, aus denen Mitarbeitende wählen.

Mitarbeiter wollen nicht bekehrt, überredet oder gar unter Druck gesetzt, sie wollen überzeugt, beteiligt und gefordert werden. Mitarbeiter interessieren sich dann für ein CW-Manual, wenn:

- Eigeninteresse und Unternehmensziele eine möglichst große Schnittmenge bilden,
- sich aus den Empfehlungen auch persönlicher Nutzen ableiten lässt,
- die Bedeutung der persönlichen Leistung als Beitrag zum gemeinsamen Erfolg deutlich wird,
- die Inhalte mit der internen und externen Kommunikation vernetzt werden,
- das CW-Manual mit geeigneten Instrumentarien verbreitet wird (z.B. Intranet, kompakte Print-Ausgabe, auf ein Lesezeichen oder Scheckkarte reduzierte Kerninhalte mit den wichtigsten Regeln),
- das CW-Manual in Workshops eingesetzt wird, um Aufgaben gemeinsam zu realisieren,
- Regeln und Empfehlungen von Führungskräften umgesetzt werden (Vorbildfunktion),
- nach einer gewissen Zeit bilanziert wird (Ziele checken, Ergebnisse aus Kundenbefragungen oder Kundenreaktionen auswerten und Mitarbeitern bekanntgeben),

- Mitarbeitern Feedback und Anregungen zur Ergänzung oder Aktualisierung des CW-Manuals geben können (z.B. durch regelmäßigen Meinungsaustausch, Intranet-Vorschlagsformular).

Startpaket 4 für Projektleiter und Mitarbeiter:
Ein Muster CW-Manual haben wir online bereitgestellt.
www.wording.de/startpakete

Es sind Ergebnisse aus der Praxis erfolgreicher CW-Projekte, die wir in Behörden, in Institutionen und in der Wirtschaft realisiert haben. Das „Master"-Handbuch bietet Vorschläge für Regeln und Empfehlungen. Die Mustertexte können Sie als Grundlage für einen individuellen Zuschnitt verwenden – ohne das Rad neu erfinden zu müssen. Sie dürfen die Mustertexte übernehmen und ganz nach Ihrem Bedarf ergänzen. Nicht gestattet ist die kommerzielle Nutzung wie Verkauf oder redaktionelle Bearbeitung gegen Honorierung. Die Daten für den kostenfreien Zugang fordern Sie bitte unter dreinull@wording.de an.

Zusätzlich sollte den Mitarbeitern ein Textanalyse-Tool bereitgestellt werden, damit sie einfach und zeitsparend ihre Texte prüfen können. Weichen Schreibweisen von den Vorgaben des Regelwerks ab, wird das entsprechende Wort markiert und der Mitarbeiter kann es mit einem Klick durch die richtige Schreibweise ersetzen. Mehr darüber lesen Sie im Abschnitt 4.2.2.

2 DAS CW-KUNDENMODELL

Das Kapitel für Macher und Strategen, das den Blickwinkel vom Businessmodell zum Kundenmodell schärft.

2.1 Content Consumer stellen neue Anforderungen

Knut Bleicher schreibt in seinem Geleitwort zum St. Galler Management-Konzept:

> *„Im Kern meint Management das Gestalten, Steuern und Weiterentwickeln von Unternehmen im Kontext hoher Ungewissheit mit dem Ziel, einem im Vergleich zu anderen Wettbewerbern höheren Nutzen für alle Bezugsgruppen zu schaffen."*

(Quelle: Das Konzept Integriertes Management, Frankfurt/New York, 2011, S. 18)

Diese Definition leihen wir uns aus und geben ihr eine andere Gewichtung: Management richtet den Fokus auf den besten Nutzen für definierte Bezugsgruppen – durch Gestalten, Steuern und Weiterentwickeln von Unternehmen im Kontext der Gewissheit, dass Kunden das bevorzugen, was für sie die höchste Relevanz hat.

Eine „Kundenunternehmung" wird nicht aus rein wirtschaftlichen Zwecken geführt, sondern stiftet seinen Kunden einen hohen Nutzen. Im Mittelpunkt steht (wieder) der Kunde und nicht der Kapitalgeber. Der „Customer Focus" ist das tragende Fundament, und dadurch stimmen am Ende auch die wirtschaftlichen Ergebnisse. Kundenverhalten wird zum Ausgangspunkt aller Kommunikationsprozesse in Corporate Wording 3.0.

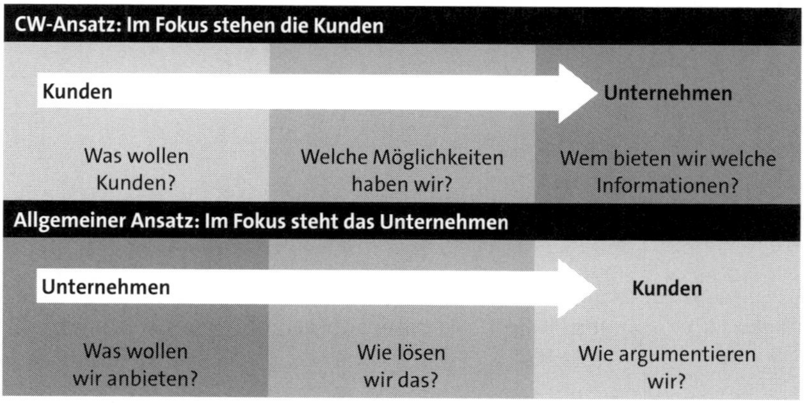

Abbildung 9: Der CW-Ansatz für Kommunikationskonzepte (Quelle: Förster & Förster)

„Content Consumer“ sind Kunden, die neue Anforderungen an Unternehmen stellen. Das löst signifikante Veränderungen aus und erfordert ein Umdenken im Erstellen und Verwalten von Informationen.

Durch die hohe Akzeptanz von Smartphones und Tablets wurde der schnelle und einfache Zugriff auf das Internet möglich, ohne einen traditionellen Computer dafür zu benötigen. Diese technologischen Veränderungen haben massive Auswirkungen auf die Unternehmenskommunikation. Über 50 Prozent aller Menschen sind mit dem Internet aufgewachsen. So haben sich neue Erwartungen gebildet, die den Informationszugriff über Produkte betreffen.

Um die Veränderungen zu verstehen, ist es nützlich, einen kurzen Blick auf die noch verwendeten traditionellen Methoden zu werfen. Wie wird mit Produktinformationen in globalen Unternehmen umgegangen? Ein Unternehmen kann auf verschiedene Arten Produktinformationen produzieren, die den Kunden unterstützend begleiten (Stichwort: Customer's Journey, Touchpoints etc.):

1. marketingorientierte Informationen, die auf Interessenten zielen,
2. intern genutzte, technische Informationen, mit Vorgaben zur Gestaltung eines Produkts,
3. Gebrauchsanleitungen, die dem Kunden erklären, wie er sein Produkt bedienen, anwenden und nutzen kann,
4. Schulungsunterlagen, die Menschen lehren, wie sie ein Produkt anwenden,
5. interne Anleitungen von der Fehlersuche bis zur Lösung für Mitarbeiter im Telefon-Beratungszentrum (Callcenter), Kundenberatungszentrum (Customer-Care-Center) oder dort, wo Fernwartungen (User-Help-Desk) durchgeführt werden,
6. unterstützende, lösungsorientierte Inhalte aus der Abteilung Kundenbetreuung (Support) für Kunden, die erklären, wie sie Probleme selbst lösen oder vermeiden können.

Dem Wandel begegnen: Vertrauen und Nähe schaffen

In längst vergangenen Zeiten größerer Stetigkeit konnte man noch auf Erfahrung und Tradition setzen. Das ist vorbei. Verteidigung früherer Gewohnheiten wird heute zum Markstein des Abstiegs. Der Wandel erfordert wachsende Anforderungen an die Evolutionsfähigkeit des Unternehmens und authentische, verlässliche und ehrliche Führungsfähigkeiten des Managements.

So reagieren Sie auf den Wandel im unternehmerischen Umfeld:

- Zunehmende Internationalisierung und Globalisierung der Märkte?

Lösung: Sich auf regionale Stärken besinnen und Herkunft kommunizieren. Dafür im CW-Manual Regeln aufstellen.

- Steigende Dynamik und Komplexität aller Funktionen des Wirtschaftsprozesses?

Lösung: Kommunikationsprozesse vereinfachen, wie es mit Hilfe von Textmodulen und einem CW-Memory möglich ist.

- Wachsender Konkurrenzdruck?

Lösung: Einmaligkeiten herausarbeiten und aktiv kommunizieren. Durch gezieltes Wiederholen der Kernkompetenzen in Textmodulen lässt sich die Wiedererkennung erhöhen.

- Erhöhte Austauschbarkeit von Produkten und Dienstleistungen?

Lösung: Überflüssiges streichen, Außergewöhnliches fördern und durch eine markenstarke Sprache unterstützen.

- Immer kürzere Innovations- und Informationszyklen?

Lösung: Inhalte und Schreibprozesse optimieren. Inhalte individualisieren durch Standardisieren.

- Orientierungsprobleme in großen Unternehmen?

Lösung: Transparenz und Ordnung in die Struktur bringen, sprachliche Regeln und Richtlinien entwickeln, mit Design, Behavior etc. verzahnen und die Richtung per CW-Kompass vorgeben.

- Dramatischer Preisverfall?

Lösung: Kundenziele, Bedürfnisse, Erwartungen und Lebensumfeld ermitteln und statt über den Preis mit Nutzen argumentieren (siehe Abschnitt „Relevanz vor Aufmerksamkeit“ in diesem Kapitel).

2.2 Dem Volk aufs Maul schauen: Die Luther-Strategie

Was haben Martin Luther und Corporate Wording 3.0 gemein? Luthers Rechtfertigung über die Art und Weise seiner Bibelübersetzung wird besonders häufig zitiert – auch im Buch „Texten wie ein Profi“ kam Folgendes zur Sprache:

> *„Man muss nicht die Buchstaben in der lateinischen Sprache fragen, wie man deutsch reden solle, wie's diese Esel tun, sondern man muss die Mutter im Hause, die Kinder auf der Gasse, den einfachen Mann auf dem Markt danach fragen und denselben auf das Maul sehen, wie sie reden, und danach übersetzen; da verstehen sie es dann und merken, dass man deutsch mit ihnen redet.“*

(Quelle: Sendbrief vom Dolmetschen, 1530)

> *(denn man mus nicht die buchstaben jnn der Lateinischen sprachen fragen / wie man sol Deudsch reden / wie diese Esel thun / Sondern man mus die mutter jhm hause / die kinder auff der gassen / den gemeinen man auff dem marckt drumb fragen / vnd den selbigen auff das maul sehen / wie sie reden / vnd darnach dolmetschen / so verstehen sie es denn / vnd mercken / das man Deudsch mit jhn redet. (Luther 1530 [1965], 17))*

Diese Luther-Strategie lässt sich so einfach wie wirkungsvoll auf CW übertragen:

„dem Volk aufs Maul schauen“
heißt bei CW:
„zuhören und analysieren“.

„von jedem verstanden werden“
heißt bei CW:
„ankommen und wirken“

Die Bibelübersetzung Luthers wird oft als der Beginn der deutschen Hochsprache bezeichnet – zumindest als eines „ihrer bedeutendsten und verbreitetsten Dokumente, durch das er vollends zum einflussreichsten Schriftsteller deutscher Zunge wurde.“ Viele Ausdrücke aus Luthers Bibel wurden zum Gemeingut deutscher Sprache. So hat er wesentlich zur Entwicklung der deutschen Schrift- und Umgangssprache beigetragen – kam es dem Reformator doch auf eines an: „Denn ich habe deutsch, nicht lateinisch noch griechisch reden wollen, da ich beim Übersetzen mir vorgenommen hatte, deutsch zu reden." (Quelle: www.landesbibliothek-coburg.de/luther.htm)

In seinem Sendbrief vom Dolmetschen beschreibt Luther 1530 treffliche Beispiele, wie Lateinisches unverständlich übersetzt wurde. Luther fragte sich: Das soll gutes Deutsch sein? Wo redet der deutsche Mann so, der eher an ein Fass voll Bier oder an einen Beutel voll Geld denkt?

„Am Anfang war das Wort", lautet die Marketing-Kampagne zur Lutherdekade im Vorfeld des Jubiläums 500 Jahre Reformation. Ein Ereignis von Weltrang. 221 Jahre nach Luthers Sendbrief verfasst Christian Fürchtegott Gellert die „Schrift vom guten Geschmack in Briefen". Seine Briefreform sollte den kanzlistischen, umständlich-zeremoniellen Brief durch einen ungezwungen, natürlichen und freundlichen Plauderbrief ersetzen. 278 Jahre nach Luthers Empfehlungen beklagt Goethe 1808, wie technische Umschreibungen Lebendiges in Totes verwandeln. 396 Jahre nach Luthers Sendbrief bemängelt Kurt Tucholsky die Kennzeichnung neudeutschen Stils 1926 als eine Überladung mit überflüssigen Fremdwörtern, ausgiebiger Verwendung von Modewörtern, die grauenhafte Unsitte, andere zu kopieren und somit dem Leser die größte Qual zu bereiten: „Ungeschriebene Sprache des Alltags, schriebe sie doch einer."

Und heute? Google soll ein Patent angemeldet haben, das schlechte Texte „bestraft" und das Ranking beeinflusst. Das heißt: Schlechtes Geschwafel (Gibberish) wird von Google angeblich durch drei Punkte definiert (kopierte Inhalte, schlecht übersetzte Inhalte und schlechter Ausdruck ohne Mehrwert). Gute Inhalte, besonders in Textform, werden somit auch im Internet immer wichtiger, denn gute Texte werden mit guten Positionen in der Suchmaschine belohnt. Und so schließt sich der Reigen mit diesem Luther-Zitat, geht es doch bei Corporate Wording um das „Übersetzen" von Allerweltsdeutsch in eine unverkennbare, markante und kundenorientierte Unternehmenssprache:

> *„Denn wer dolmetschen will,*
> *muss großen Vorrat an Worten haben,*
> *damit er die recht zur Hand haben kann,*
> *wenn eins nirgendwo klingen will."*

2.2.1 Die Wirkung von Wörtern intensiver nutzen

Am Anfang menschlichen Denkens stand das Bild vor der Sprache. Corporate Wording orientiert sich deshalb von Beginn an auch an der Bildkommunikation. Psychologische Versuche bescheinigten damals, dass unser Gedächtnis in zwei miteinander verbundenen Systemen operiert. Vereinfacht gesagt: Sprache wird von beiden Gehirnhälften verarbeitet. Die linke Hirnhälfte ist mehr für das sprachlich-analytische Denken zuständig (Sprechen, Lesen, Schreiben, in Zahlen Denken), die rechte Hemisphäre für bildlich ganzheitliches Denken (Wahrnehmung von Formen, Bildern, Strukturen). Heute weiß man, dass das Zusammenspiel der Hemisphären weit komplexer ist, dennoch wird dieses vereinfachende Modell gerne genannt.

Die Wirkung von Wörtern auf das menschliche Verhalten und Assoziieren lässt sich immer präziser vorausbestimmen. Deshalb sind die Kenntnisse über die Informationsverarbeitung des Gehirns – zum Beispiel aus der Computertomographie – eine wichtige Grundlage für die optimale Textgestaltung. Das Beispiel, jetzt nicht an eine weiße Maus, nicht an einen grauen Elefanten und auch nicht an das blaue Ravensburger Dreieck oder nicht an einen schönen Sonnenuntergang zu denken, ist selbsterklärend und hinlänglich bekannt.

Zu diesem Phänomen hat Hörz schon 1975 in seinem Buch Marxistische Philosophie und Naturwissenschaft, geschrieben:

> *„Sicher haben wir im Kopf keine abgebildeten Gegenstände, aber wir haben mit Hilfe der Signale aus der Außenwelt ein bedeutungstragendes Zeichensystem ausbauen können, das in seinem inneren Zusammenhang ein überprüfbares ideelles Modell objektiver Beziehungen darstellt, mit Hilfe dessen man zweckmäßig reagieren und zielgerichtet verändern kann. Über neue Signale und Reaktionen wird dieses Modell weiterentwickelt, neue Zeichen kommen hinzu, die Bedeutung bekannter Zeichen wird besser erkannt, usw.“*

Das Wort signalisiert also nur eine Bedeutung, ein ideelles Abbild, das die eigentliche Information darstellt. Menschen sind meist rechts- oder linksdominant, das heißt, die eine Hemisphäre überwiegt die andere. Linksdominante rationale Menschen, die bei einer Problemlösung die linke Hirnhälfte bevorzugt nutzen, orientieren sich an Fakten und gehen schrittweise analytisch mit Zahlen und Texten um (sequentiell, digital). Rechtsdominante emotionale Persönlichkeiten suchen intuitiv nach Einsichten, Bildern, Mustern, Tönen oder Ähnlichem (ganzheitlich, analog).

Jeder kennt die Situation, dass man beim Lesen eines Wortes gleichzeitig an mehrere andere Wörter denkt – man assoziiert. Ein erstaunliches Zusammenspiel der vielen Tausend Begriffe, das täglich im Gedächtnis beim Denken, Lesen und Sprechen abläuft. Anschauliche Wörter, die Bilder entstehen lassen, werden in der rechten Hirnhälfte als innere Bilder gespeichert. Corporate Wording zielt unter anderem darauf ab, mit bildhaften Texten klare Gedächtnisbilder zu hinterlassen. Dabei ist nicht die Menge der erzeugten visuellen Vorstellung wichtig, sondern die Lebendigkeit und Deutlichkeit, mit denen einzelne Bilder vor den inneren Augen stehen. In seinem Buch „Bildkommunikation" unterteilte Autor Kroeber-Riel bildliche Vorstellungen in gelernte, gespeicherte Wahrnehmungsbilder und Gedächtnisbilder, und zwar wie folgt:

> *„Das Wissen über konkrete – also sichtbare – Gegenstände ist im Gedächtnis teils bildlich (wie die Fassade eines Hauses), teils sprachlich (wie der Name des Hauseigentümers) verfügbar. Ein Wahrnehmungsbild entsteht dann, wenn der Gegenstand oder ein Bild des Gegenstandes (zum Beispiel ein Foto) vom Betrachter direkt sinnlich aufgenommen wird. Ein Wahrnehmungsbild ist zum Beispiel das innere Bild des Hauses, das entsteht, wenn man vor dem Haus steht und das Haus betrachtet. Nur ein kleiner Teil der wahrgenommenen Bilder wird für längere Zeit im Gedächtnis gespeichert. Die inneren Bilder, die in Abwesenheit des Gegenstandes oder des Bildes aus dem Gedächtnis abgerufen werden können, werden Gedächtnisbilder genannt. Sie haben einen starken Einfluss auf das Verhalten. Das kann sich das Marketing zunutze machen."*

Wörter mit hohem Bildgehalt

Aus Wortnormierungsstudien[1] weiß man: Das Wort „Birne" löst relativ leicht eine bildhafte Vorstellung aus. „Zweck" ruft nur sehr schwer eine bildhafte Vorstellung hervor. Probanden haben Wörter mit einem Punktesystem in Form einer Bewertungsskala

1 Handbuch deutschsprachiger Wortnormen, 1994, Göttingen, Hrsg. von W. Hager , M. Hasselhorn

danach eingestuft, wie leicht oder schwer sie bildhafte Vorstellungen hervorrufen können. Einige Ergebnisse daraus:

20 Substantive mit hohem Bildgehalt:
Apfel, Mutter, Auto, Kreis, Stuhl, Hammer, Erdbeere, Frosch, Sportplatz, Katze, Gabel, Busen, Arm, Tennisschläger, Meer, Wald, Pferd, Wiese, Quadrat, Kartoffel

20 Adjektive mit hohem Bildgehalt:
schwarz, rot, dick, rund, nass, feucht, braun, schwanger, sonnig, nackt, alt, weiß, fett, bunt, saftig, tot, blutig, hoch, flüssig, dreckig

20 Verben mit hohem Bildgehalt:
fliegen, küssen, brennen, trinken, malen, backen, essen, umarmen, lieben, braten, kochen, weinen, schwimmen, schlagen, lachen, heiraten, sehen, zeichnen, grüßen, waschen

Konkrete Wörter
Wörter sind in unterschiedlichem Ausmaß konkret bzw. abstrakt. Konkret ist ein Wort, das sich auf sinnlich erfahrbare Merkmale von Dingen oder Personen bezieht. Es bekommt einen hohen Wert. Ein Begriff, der nicht durch die Sinne erfahren werden kann, gilt als abstrakt und erhält einen niedrigen Wert. Beispiel: „Birne“ bezieht sich auf Objekte oder Personen. Dieses Wort bekommt einen hohen Wert. Das Wort „Zweck“ ist ein Begriff, der nicht durch die Sinne erfahren werden kann, deshalb erhält es einen niedrigen Wert.

20 konkrete Substantive:
Harfe, Elefant, Frosch, Fuchs, Apfel, Bügeleisen, Erdbeere, Zitrone, Butter, Kartoffel, Hammer, Busen, Pfirsich, Pfeffer, Pferd, Katze, Büstenhalter, Lokomotive, Kühlschrank, Stuhl

20 konkrete Adjektive:
schwarz, braun, weiß, nass, rund, tot, trocken, rot, schwanger, violett, einhändig, kurz, nackt, dunkel, lang, blind, gefleckt, hoch, durstig, klein

20 konkrete Verben:
töten, lachen, trinken, küssen, sprechen, umarmen, sägen, schwimmen, weinen, schlagen, essen, atmen, schreien, kochen, malen, wandern, turnen, backen, schlagen, pfeifen

Assoziative Wörter:
Wörter rufen in unterschiedlichem Ausmaß andere Wörter hervor (Assoziationen). Ein Wort, das an viele andere Wörter denken lässt, erhält einen hohen Wert. Ein Wort, zu dem einem keine oder nur mit Mühe andere Wörter einfallen, erhält einen niedrigen Wert. Beispiel: Zu „Birne" fallen einem spontan Wörter wie Apfel, Baum, saftig, Kern, gesund, süß oder gelb ein. Zu „Zweck" fallen einem wesentlich weniger oder gar keine Assoziationen ein.

20 assoziative Substantive:
Liebe, Meer, Mutter, Garten, Winter, Möbel, Kind, Wald, Familie, Auto, Freund, Wasser, Meer, Großstadt, Schiff, Pferd, Apfel, Wohnung, Strand, See

20 assoziative Adjektive:
schön, lieb, verliebt, frei, süß, bunt, stark, zärtlich, leer, lustig, schnell, romantisch, groß, sonnig, gemütlich, lustig, rasch, sportlich

20 assoziative Verben:
spielen, zeichnen, reisen, essen, lieben, fahren, malen, fliegen, wandern, trinken, kochen, schwimmen, schreiben, kämpfen, küssen, sich amüsieren, laufen, heiraten, lachen, studieren, sprechen

Wörter kann man wie Fieber messen
In der Dissertation „Die Theorie der Affektsteuerung als allgemeine Theorie der sozialen Interaktion", 2009, von Tobias Schröder haben Versuchspersonen Identitäts-, Handlungs-, Emotions- und Eigenschaftswörter sowie Sätze mit Hilfe dieser Punkteskala bewertet:

Bewertungskriterien	max. –3 Punkte	max. +3 Punkte
E Emotion	unangenehm	angenehm
P Potency	schwach	stark
A Activity	schnell	langsam

In einem „affektiven Lexikon" wurden schließlich die im Rahmen dieser Studie bewerteten Wörter mit den durchschnittlichen Bewertungen nach den Kriterien (Dimensionen) *Emotion (angenehme Gefühle), Potency (Gefühle der Macht)* und *Activity (lebhafte Gefühle),* kurz EPA, in Form numerischer Profile erfasst. Das Lexikon beinhaltet 1.587 Wörter (675 Substantive, 576 Verben und 336 Adjektive), die alle mit jeden jeweiligen Profildaten versehen sind.

Im Rahmen unseres Buchprojekts „Colorword Commmunication“ für den US-Markt durften wir mit freundlicher Genehmigung von Dr. Tobias Schröder und Prof. Heise dieses Lexikon dafür verwenden, die Inhalte nach vier Grundfunktionen der Sprache aufzuteilen (Informations-, Garantie-, Erlebnis- und Kontaktfunktion) und die EPA-Bewertungen englischer Vokabeln gegenüberzustellen (Kaukasier, Afroamerikaner, Mexikaner, Brasilianer). Auf einer Weltkarte haben wir einige weitere internationale Studienergebnisse aufgelistet:

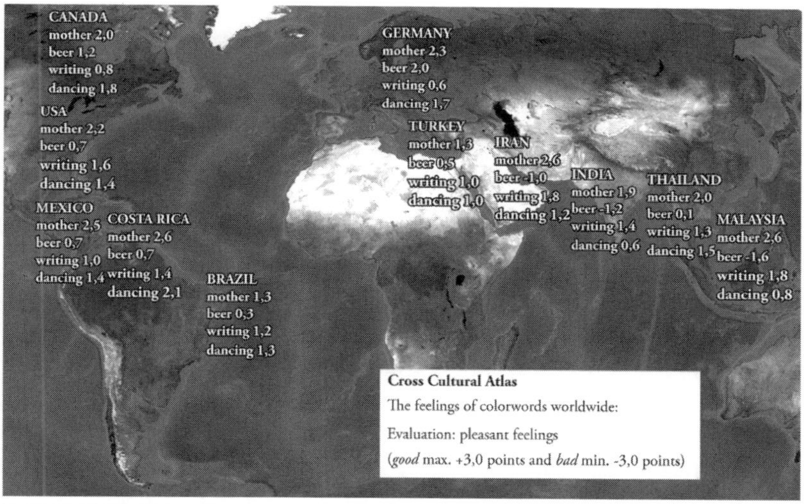

Abbildung 10: Weltatlas emotionaler Bewertungen verknüpft mit der 4-Farben-Sprachmethode (Quelle: „Colorword Communication & Lexikon“, Förster & Förster, 2012)

Diese Inhalte nutzen auch deutschsprachige Unternehmen, die global agieren und kommunizieren. Speziell für die deutsche Leserschaft wurden aus diesem Fundus 337 Identitäts- und 339 Handlungswörter sowie 331 Wörter, die emotionale Zustände oder Eigenschaften bezeichnen und mit EPA-Bewertungen verknüpft sind, nach der 4-Farben-Sprachmethode[2] publiziert (Quelle: Hans-Peter Förster, „Handbuch Texten wie ein Profi“, 2011).

Startpaket 5 für Mitarbeiter und Projektleiter
Regelmäßig gibt es dazu das kostenlose Web-Seminar „Mit der 4-Farben-Sprache schwarz auf weiß über-

2 Zur praktischen Anwendung siehe Kapitel 3.

zeugen". In 30 Minuten wird die praktische Anwendung von unserem Web-Seminar-Trainer Klaus Lehmann vermittelt.
www.fazbuch.de/veranstaltungen

2.2.2 Sprachinhalte und -beziehungen

Corporate Wording befasst sich weniger mit der Struktur von Sprache oder einzelnen Wörtern (wie die Linguistik oder Grammatik), sondern mit ihrem Mitteilungsinhalt. Das in der Linguistik wohl bekannteste Kommunikationsmodell ist das Organonmodell des Psychologen Karl Bühler. Im ersten CW-Buch findet der Leser im Kapitel „Sprache: Inhalte und Beziehungen" eine Abbildung des Modells. Damals war noch nicht abzusehen, welche Bedeutung es für das CW in der 3. Generation haben sollte.

Bühler unterteilt Sprache in die Ausdrucks-, Appell- und Darstellungsfunktion. Demnach ist die Sprache ein Werkzeug, um einem anderen etwas über irgendwelche Dinge mitzuteilen, und erfüllt somit die Funktion des *Ausdrucks.* Sie ist auch ein *Sprechereignis* in der Beziehung zwischen Sender und Empfänger, wobei die Sprache beim Sender eine *Appellfunktion* (z.B. Aufforderung) übernimmt. Und schließlich dient Sprache zur präzisen *Darstellung* von Gegenständen und Sachverhalten. Das Organonmodell wurde später erweitert, in dem besonders das Sprechereignis in verschiedene Klassen unterteilt wurde:

- nach den Inhalten der Kommunikation,
- den physikalischen und psychischen Übertragungsbedingungen und
- den Sprachfaktoren stilistischer, ästhetischer und systematischer Natur.

Das Zitat *„Kommunikation hat einen Inhalts- und einen Beziehungs-Aspekt"* von Paul Watzlawick wird damals wie heute gerne vielfach benutzt. Friedemann Schulz von Thun hat in seinem Buch „Miteinander reden" die Sichtweisen von Watzlawick und Bühler erweitert und ein quadratisches Gebilde mit vier Seiten einer Nachricht entwickelt: Sachinhalt, Appell, Beziehung und Selbstoffenbarung. Am fiktiven Beispiel von City-Cars wird ersichtlich, worum es geht:

Sachinhalt: Das stadtgerechte Auto: kompakt, wendig und abgasfrei.

Appell: Denken Sie an die Umwelt!

Beziehung: Sie werden gute Gründe haben, mit einem fünf Meter langen Auto zu fahren.

Selbstoffenbarung: Wir sind davon überzeugt, dass unser City-Car das Auto der Zukunft ist.

Auch ein Unternehmen sendet Sachinformationen, vermittelt, wie es zu seinem Kunden steht, und versucht, den Empfänger beim Denken, Fühlen und Handeln zu beeinflussen. Was die Sache recht schwierig macht: Das Unternehmen muss als Nachrichtensender stets alle vier Aspekte berücksichtigen, während der Empfänger entscheiden kann, „auf welchem Ohr er hört" (Schulz von Thun hat den Begriff vom vierohrigen Empfänger geprägt). In vielen Büchern ist das 4-Ohren-Modell wiederzufinden, wenn es um Kommunikation allgemein oder speziell um Kommunikations-Psychologie und Menschenkenntnisse geht.

Schriftliche Kommunikation ist ein hochkomplexer Prozess aus vielschichtigen Teilaufgaben. John R. Hayes und Linda Flower haben 1980 den psychischen Prozess der Textproduktion erforscht, in dem die Probanden während des Schreibens laut dachten. In den Protokollen wurden drei wesentliche mentale Prozesse erkannt: *planen, übersetzen* und *revidieren.* Meist setzt sich der Texter ein Ziel, sammelt Ideen und ordnet Inhalte. Wie gut das gelingt, ist abhängig davon, ob das Wissen bereits im Gehirn gespeichert ist oder erst erarbeitet werden muss. Jedes Ziel und jedes Thema erfordert den angemessenen textuellen Stil. Gedanken werden Schritt für Schritt „übersetzt" und anschließend revidiert oder optimiert. Die größte Schwierigkeit liegt beim Umwandlungsprozess, der Transformation vom Gedanken zum Text.

Lutz von Werder, der etliche Bücher über das (kreative) Schreiben in Wissenschaften publiziert hat, vermisst in den amerikanischen Modellen wie von Hayer & Flower die emotionale Dynamik. Selbst beim Erstellen wissenschaftlicher Texte spielen Schreibemotionen eine große Rolle. *„Ohne emotionale Beteiligung lässt sich kein Text verfassen"*, stellte auch Otto Kruse 1997 in seinem Buch „Keine Angst vor dem leeren Blatt" treffend fest.

Schon im CW-Buch von 1994 wurde der Leser dafür sensibilisiert, welche Bedeutung die Emotion in der Unternehmenssprache hat:

„Schriftsprache ist mehr als ein einfaches Transportmittel zwischen Sender und Empfänger, sie kann bei der Übermittlung auf dem schriftlichen Weg durch [subjektive] *Verschlüsselung und* [subjektive] *Entschlüsselung ihren Standort wechseln."*

Die Inhalte werden emotional beeinflusst. Einmal vom Texter während der Transformation vom Gedanken zum Text, dann beim Revidieren und Optimieren und ein weiteres Mal vom Empfänger, während er die Inhalte subjektiv beurteilt und transformiert – je nach Relevanz und Wirkung, kurzzeitig oder langfristig.

Der schriftliche Kommunikationsvorgang

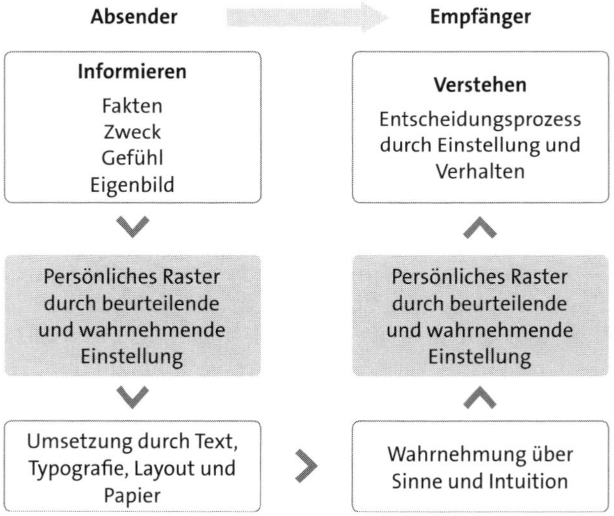

Abbildung 11: Kommunikationsfluss (Quelle: Förster, „Corporate Wording", 1994)

Zwischen dem Sender, der Übermittlung und dem Empfänger stehen die Ver- und Entschlüsselung. Die Information wird durch subjektives Beurteilen des Absenders geformt. Wie der Empfänger den Inhalt versteht, wird durch dessen subjektive Wahrnehmung beeinflusst. Wer „A" sendet, weiß noch lange nicht, ob beim Empfänger auch „A" ankommt!

Beispiel: Stadtgerechtes Auto
Das stadtgerechte Auto: kompakt, wendig, keine Abgase.

Der Texter (Sender) empfindet: „Hört sich sachlich an."

Der Leser (Empfänger) meint: „Was soll daran stadtgerecht sein? Wird ein Parkplatz mitgeliefert?"

Wir sind uns sicher, dass das stadtgerechte Auto eine vernünftige Anschaffung ist.

Der Texter (Sender) empfindet: „Hört sich selbstsicher an."

Der Leser (Empfänger) meint: „Die kennen meinen Geldbeutel nicht."

Setzen Sie auf Zukunft! So einfach entlasten Sie die Umwelt!

Der Texter (Sender) empfindet: „Hört sich appellierend an."

Der Leser (Empfänger) meint: „Unterstellen die mir, dass ich mit meinem Auto die Umwelt verschmutze?"

Sie werden gute Gründe haben, mit einem Spritschlucker zu fahren. Und wie werden Sie das Ihren Enkelkindern erklären?

Der Texter (Sender) empfindet: „Hört sich emotional an."

Der Leser (Empfänger) meint: „Darum setze ich ja auch keine Kinder in die Welt."

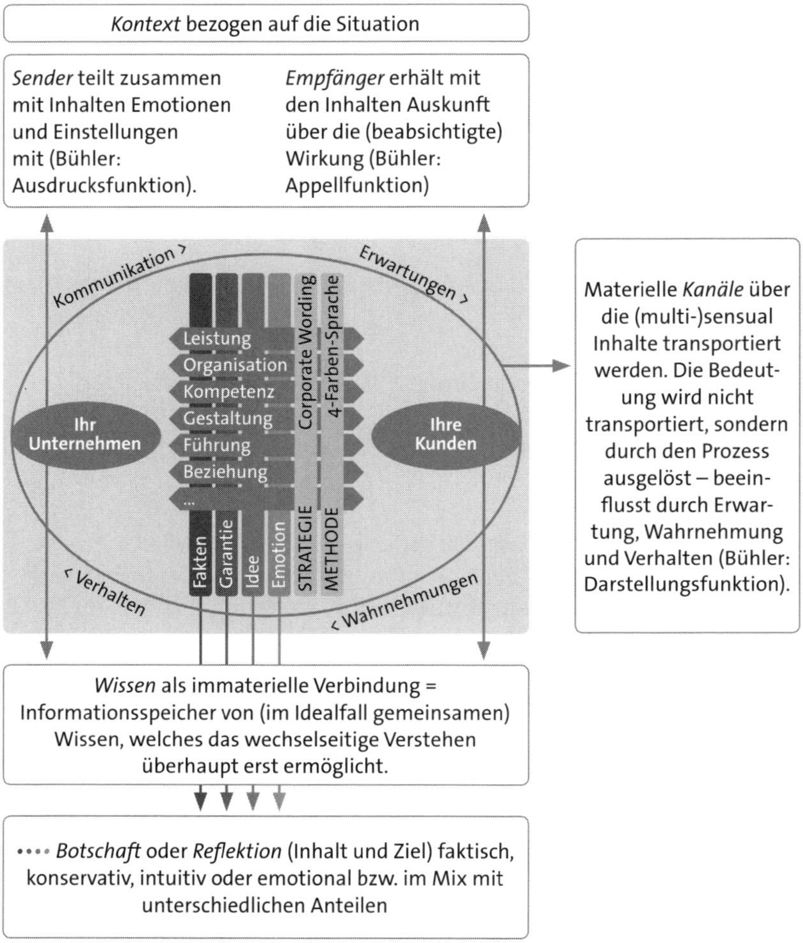

Abbildung 12: CW-Kommunikationsmodell 2014 (Quelle: Förster & Förster)

2.2.3 Verständnisqualität statt Verständlichkeitsformeln

Unverständlichkeit und Unverständnis verursachen Kosten durch Unzufriedenheit und lösen Rückfragen im Service-Center aus, wie wir zuvor beschrieben haben. Service-Center zu unterhalten kostet Zeit und Geld. Darum sollte man aus unternehmerischer Sicht nach der Luther-Strategie schreiben und handeln!

Bernd U. Biere hat 1991 der Verständlichkeit die zwei Dimensionen *Verstehen und Verständlichkeit* zugeordnet („Textverstehen und Textverständlichkeit“, Heidelberg, 1991). Textverstehen und Textverständnis lassen sich aus zwei Perspektiven beurteilen:

a) Welche Informationen, Sachverhalte, Erlebnisse und Emotionen repräsentiert der Text?
b) Wie weit identifiziert der Leser diese, verknüpft sie mit seinem Vorwissen und gibt ihnen eine Bedeutung?

Das Verstehen von Texten geschieht durch laufendes Verarbeiten von Informationen. Bereits im frühen Stadium, wenn sich der Gesamtinhalt noch unvollständig beim Leser präsentiert, werden in Sekundenbruchteilen aufgrund der gesichteten Textteile Hypothesen über die Bedeutung des Textes mental formuliert. Mit jeder weiteren Information überprüft, ergänzt oder passt der Leser sein Modell an. Wie dies abläuft, hängt von dessen Vorwissen und seiner Interpretation ab.

Das ist vergleichbar mit der Wahrnehmung und (subjektiven) Beurteilung in Sekundenbruchteilen, wenn man einem fremden Menschen begegnet. Von der Ablehnung bis zur „Liebe auf den ersten Blick“ ist alles möglich. Diese Vorgänge spielen sich täglich bei der Auswahl von E-Mail-Eingängen ab: Schon beim Lesen des Absenders oder Betreffs entscheidet der Leser, ob der Inhalt Beachtung findet oder ungelesen im Papierkorb landet.

Texte verstehen ist ein komplexer Prozess und daher weder eine Eigenschaft des Textes noch eine Eigenleistung des Lesers: Verstehen als mentale Bedeutungsbildung umfasst immer gleichzeitig, was der Text repräsentiert und welche Wissensstrukturen vom Leser aktiviert werden.

Ziel von Corporate Wording ist seit jeher, mit Hilfe der 4-Farben-Sprachmethode und der CW-Typologie ein Gespür für die Informationsverarbeitung durch Wahrnehmen und Beurteilen von Texten, Textsegmenten und einzelnen Wörtern zu vermitteln.

Die individuellen Leser-Erwartungen an einen Text sind abhängig von den beruflichen wie privaten Zielen des Empfängers, von seinen persönlichen Interessen, von seiner bevorzugten Lebenswelt und schließlich von der aktuellen Situation, in der er sich befindet. Natürlich spielt auch der Absender eine Rolle. Wer kennt nicht das subjektive Gefühl, wenn wir im Briefkasten Post von einer Behörde finden?

2012 haben wir im Rahmen einer Softwareentwicklung die beeinflussenden Faktoren für Textqualität analysiert und die Ergebnisse vier Dimensionen zugeordnet – mit denen wir uns im Detail in Kapitel 4 befassen werden: *Lesbarkeit, Konsistenz, Vielfalt und Emotionsgehalt.* Jede dieser vier Dimensionen lässt sich nach der Verständlichkeitsforschung in folgende zwei Bereiche unterteilen:

a) **Satzoberfläche** (Buttom-up-Prozess) für schnelles, müheloses Lesen (Wortlänge, Satzlänge, Aktiv-Stil, konsistente Schreibweisen etc.) = Textpräsentation
b) **Satzinnenleben** (Top-down-Prozess) 4-Farben-Sprachmethode für gezielte bzw. unterstützende wissensbasierte mentale Modellbildung und positive Beeinflussung = Verstehensprozess

An der Oberfläche der Lesbarkeitsforschung bewegen sich viele – damals wie heute. Schon 1948 stellte Rudolf Flesch seine „Reading-Ease Formel" auf. Diese sollte die Wort- und Satzschwierigkeit eines Textes berechnen. Wortlänge und Wörteranzahl wurden mathematisch in einen Zusammenhang gebracht. Weitere Dimensionen der Textverständlichkeit folgten, die aber alle auf das Optimieren der Bottom-up-Prozesse ausgerichtet waren.

Es wurden Regeln für verständliches Schreiben und einfaches Lesen eingeführt: „Man nehme kurze, geläufige Wörter und füge diese zu einfachen, schlanken Sätzen zusammen." Und schließlich kam die Stimulans hinzu – die „Würze", die bei den Lesern Interesse wecken sollten. Anfang der 1970er Jahre entwickelten die Psychologen Inghard Langer, Friedemann Schulz von Thun und Reinhard Tausch das „Hamburger Verständlichkeitskonzept". Vier Messfaktoren für die Verständlichkeit eines Textes wurden definiert: Einfachheit, Gliederung, Prägnanz und Anregung.

Es folgten weitere Ansätze wie Redundanz. Texte sollten dem Informationsziel und dem Sachverhalt angepasst werden.

Selbst der seit einigen Jahren vermarktete „Hohenheimer Verständlichkeitsindex" bedient sich vier altbekannten Lesbarkeitsformeln: der Amstad-Formel, der 1. neue Wiener Sachtext-Formel, des SMOG-Indexes (Deutsch) und des Lix Lesbarkeitsindexes. Zusätzlich fließen Durchschnittswerte in den Index, wie z.B. Satzlänge und Satzteillänge in Wörtern, Wortlänge in Buchstaben, Anteil der Wörter mit mehr als sechs Buchstaben usw.

Die Nachteile: Solche Lesbarkeitsformeln berücksichtigen nur die Oberflächenstruktur, vernachlässigen aber die inhaltlichen wie kognitiven Aspekte in Texten. Variablen wie Stimulans und Emotion, die zum Weiterlesen motivieren, bleiben unberücksichtigt. Der Vorteil: Trotz ihrer schwachen Aussage können Lesbarkeits- oder Verständnisformeln als erste Filter nützlich sein. Vor allem lassen sich aus Vergleichswerten (vorher/nachher) einfache Schlüsse ziehen.

Wer die Funktion von Texten „zwischen den Zeilen" versteht, kann daraus Regeln für die Textgestaltung und Textoptimierung erstellen. Verständliche Wörter sind mächtig, denn Verständnis hat mit verstehen zu tun. Verstehen im Sinne *von mitbekommen, begreifen, sich bewusst werden, erfassen, erkennen, folgen können, heraushören, herauslesen, klarsehen, klug werden, nachvollziehen, realisieren, registrieren, richtig einschätzen, überblicken, erspüren, fassen, gewahr werden, innewerden, durchblicken, kapieren, mitkommen oder salopp: blicken, checken, durchsteigen, packen, raffen, schnallen* und *ticken.* Das erfordert vom Mitarbeiter/Texter Talente wie sich einfühlen, hineindenken, hineinversetzen, mitempfinden, nachfühlen, nachvollziehen, achten, akzeptieren, anerkennen und respektieren.

In unserem Buch „Colorword Communication" haben wir das so erklärt und frei ins Deutsche übersetzt:

> *Wer Verständnis hat und zeigt, dem wird man zuhören und zustimmen. Je stärker, aktiver und angenehmer Informationen sind, desto besser. Das Problem: Kunden nehmen Stärke, Aktivität und Angenehmes unterschiedlich wahr. Dies führt zu differenzierten subjektiven Wahrnehmungen – je nach Typus auf ganz individuelle Weise. Corporate-Wording-Lehrunterlagen für Studierende haben daher zum Ziel, sich der Wirkung von Wörtern bewusster zu werden und Verhaltensmuster vorherzusehen. Seminarteilnehmer lernen, sich in ihre Mitmenschen besser hineinzuversetzen, auch wenn diese eine andere Lebensweise führen, grundverschieden ticken oder gegenteiliger Meinung sind. Worte müssen Anklang finden. Dies ist entscheidend für den Erfolg. Was bedeutet Erfolg für Sie? Was könnte Ihr nächster Gesprächspartner damit verknüpfen?* Anerkennung, Fortschritt, Gewinn, Glück, *den* großen Wurf, *einen* Sieg, *oder einen* Volltreffer? *Viele verknüpfen mit dem Wort Erfolg rein Rationales, wie* Karriere *oder* Geld, *und übersehen, dass Erfolg auch für emotionalen* Zuspruch *oder den konser-*

vativen Lorbeer *steht. Den* „Renner“ *(Jargon für Erfolg) gibt es also nicht. Wer erfolgreich sein will, muss wissen, wie und warum Wörter des Alltages unterschiedlich wahrgenommen werden.*

Zusammengefasst: Mitarbeiter, die Texte verfassen, müssen gezielt Worte nutzen, die zum Sender, zum Anlass und zum Empfänger passen. Sie müssen in der Lage sein, mit einfachen, verständlichen Worten zu erklären, was die beschriebene Leistung so einzigartig macht. Verständnis zeigen wird vom Kunden belohnt!

2.2.4 CW-Typologie in die Unternehmenssprache einbinden

Der Fachbegriff „Typologie“ kommt aus der Psychologie und bezeichnet die Untersuchung von Typen innerhalb eines bestimmten Systems. *Den* Verbraucher und *die* Zielgruppe gibt es nicht. Wohl aber Grundmuster und Mechanismen unseres Verhaltens, die sich wie die Einstellungen typisieren lassen und im Wesentlichen beständig sind.

Für Corporate Wording nutzen wir die Grundmuster menschlichen Verhaltens, die sich wie bestimmte Einstellungen, Lebenswelten und Milieus typisieren lassen. Wir profitieren von Beobachtungen und dem daraus gewonnenen Wissen, wie jemand die Welt wahrnimmt und wie er aufgrund seiner Wahrnehmungen Entscheidungen fällt und welche Worte er gebraucht. Bevorzugt der Interessent bzw. Kunde eher sachbezogene, praxisorientierte erlebnisvermittelnde oder emotionale Texte und Bilder? Reagiert er überlegt oder spontan? Preiskritisch oder emotional?

Es wurden vier CW-Grundtypen (Archetypen) definiert und je einer psychologischen Grundfarbe zugeordnet:

	CW-Blau Perfektionisten	**CW-Grün Konservative**	**CW-Gelb Intuitive**	**CW-Rot Emotionale**
Inhalte	Zahlen, Daten, Fakten	Traditionen, Garantien, Nachweise	Visionen, Ideen, Begeisterung	Sympathie, Emotion, Herz
Grundfunktion der Sprache nach der 4-Farben-Sprachmethode	Informationsfunktion	Traditionsfunktion	Erlebnisfunktion	Kontaktfunktion

Komplexe Theorie wird durch Vereinfachen und damit auch in Unternehmen praxistauglich. Das pragmatische *Wie* hat in diesem Buch Vorrang vor dem *Warum.* Wer dies dennoch vertiefen möchte, dem bietet sich ein schriftlicher CW-Lehrgang an, der über 1.000 Seiten umfasst. Im Folgenden beschränken wir uns auf das Wesentliche in Form von Kurzbeschreibungen der typischen Text- und Leser-Merkmale:

Blaue Text- und Lesermerkmale
Textmerkmal Informationsfunktion: Zahlen, Daten, Fakten für „perfektionistische" Leser

Typische Leserziele (Verb, Substantiv, Adjektiv): besinnen, Stärke, willensstark

Customer Experience Management: Integrität im Sinne von vollständigen Fakten, Service mit sauberem Charakter, Verkauf mit klarem Verstand

Empfehlung für Texter: Techniken begreifbar machen und mit Fakten belegen

- rational begründen
- faktisch argumentieren
- logisch erklären

Nutzen und Fachwissen sind für Rationalisten kaufentscheidend: überzeugend, günstig, normverträglich, zweckdienlich

Geeignete Adjektive: gezielt, überzeugend, extra, aktuell, zweifellos

Grüne Text- und Lesermerkmale
Textmerkmal Garantiefunktion: Tradition, Nachweis, Ordnung für „konservative" Leser

Typische Ziele (Verb, Substantiv, Adjektiv): festhalten, Stetigkeit, beständig

Customer Experience Management: Zuverlässigkeit, Sicherheit, Pünktlichkeit, Versprechen einhalten, Vertrauen schaffen

Empfehlung für Texter: Zuverlässigkeit und Qualität dokumentieren

- empfehlend argumentieren
- historisch erläutern
- qualitativ überzeugen

Vertrauen und Zuverlässigkeit sind für den Konservativen kaufentscheidend: authentisch, glaubwürdig, gültig, wahrhaftig, sicher

Geeignete Adjektive: anerkannt, beständig, erfahren, geordnet, korrekt

Gelbe Text- und Lesermerkmale
Textmerkmal Erlebnisfunktion: Vision, Idee, Begeisterung für „intuitive" Leser

Typische Ziele (Verb, Substantiv, Adjektiv): erweitern, Veränderung, neu

Customer Experience Management: Effizienz im Sinne von simpel, impulsiv, intuitiv

Empfehlung für Texter: Vielseitigkeit, Innovation und Kreativität darstellen

- plausibel erklären
- visuell texten
- erlebnisreich umschreiben

Erlebniswert und Kreativität sind für Intuitive kaufentscheidend: visionär, begeisternd, originell, aufheiternd

Geeignete Adjektive: aktiv, bunt, frech, impulsiv, quirlig

Rote Text- und Lesermerkmale
Textmerkmal Kontaktfunktion: Sympathie, Emotion, Herz für „emotionale" Leser

Typische Ziele (Verb, Substantiv, Adjektiv): anregen, Stimulans, reizvoll

Customer Experience Management: Bequemlichkeit, das Bequeme spüren, Nähe signalisieren, Komfort vermitteln

Empfehlung für Texter: Partnerschaft und Verantwortung erlebbar machen

- persönlich ansprechen
- gefühlsbetont argumentieren
- moralisch begründen

Die Attraktivität und die Sympathie sind für Emotionale kaufentscheidend: anziehend, lieblich, aufregend, aufreizend, beglückend

Geeignete Adjektive: abgerundet, angenehm, gemütlich, hilfsbereit, nah

Als Texter verlässt man sich gern auf seine Intuition, Kompetenz oder Erfahrung und versucht, dem Inhalt eine plausible Überzeugungskraft zu verleihen. Dies geschieht durch einen gewissen Grad an Beeinflussung, in dem man sich in den Leser hineinversetzt, dessen Erwartungen einnimmt und sich seiner Situation bemächtigt. Ein seit 20 Jahren standardisierter Test, den wir im Kapitel 3 auf Seite 131 vorstellen, gibt einen ersten Aufschluss darüber, welche Informationsinhalte ein Proband bevorzugt. Dieser Fragebogen könnte auf den ersten Blick mit Persönlichkeitsanalysen aus Illustrierten verglichen werden. Doch es gibt einen wesentlichen Unterschied: Im Grundkontext sind Persönlichkeitsanalysen Modelle, welche die Persönlichkeit und den Charakter beschreiben, also wie ein Mensch *ist* oder *denkt*. Wir stellen Seminarteilnehmern und Kunden die CW-Typologie bereit, damit sie menschliches Verhalten durch Lernen, Beobachten und Verstehen sowie die typische Wirkung von Wörtern im Voraus erkennen können. Bei Corporate Wording geht es um *vorhersagbare Prozesse der Wahrnehmung und Entscheidungsfindung* durch typgerechte Wortwahl.

Der Grundgedanke liegt in den Archetypen, wie sie der Schweizer Psychologe Carl Gustav Jung definierte. Dies sind innere Bilder und Verhaltensmuster, die als Reaktion auf Situationen abgerufen werden. Da mit Jungs Typologie-Verhalten vorausgesagt werden kann, ist dieser Ansatz mit in die CW-Typologie eingeflossen. Der Test wurde über die Jahre justiert und hat sich zum Beispiel in der Marktforschung eines Automobilherstellers oder in der Kreuzfahrtbranche bewährt. 2010 wurde er im Rahmen der Bachelorarbeit „4-Farben-Sprache in Kindermedien“ modifiziert. Zurzeit wird er in leicht veränderter Form im Rahmen einer Bachelorarbeit bei einer Versandhausgruppe eingesetzt.

2.2.5 Wie ticken unsere Mitarbeiter?

Nach dem Motto „Bevor wir über *die* Kunden reden, fassen wir uns an die eigene Nase“ beteiligten sich über 800 Mitarbeiter einer Versicherung an dem CW-Typologietest.

Bei dem Test kann man eine maximale Zahl von 20 Punkten erreichen. Die je vier möglichen Antworten sind den vier CW-Farben zugeordnet. Nahezu ausgeschlossen ist, dass ein Teilnehmer nur in einer einzigen Farbe 20 Punkte erreicht. Relativ selten kommt es vor, dass alle vier Grundtypen im ausgewogenen Verhältnis zueinander stehen (fünf aller befragten Mitarbeiter hatten ein solches Profil). Ebenso fünf Befragte haben bei einer Farbe null Punkte (drei Teilnehmer null Punkte bei CW-Grün und zwei Teilnehmer null Punkte bei CW-Gelb).

In der Regel ergibt sich ein Mix aus allen vier Grundtypen, in dem ein, zwei oder drei Typen besonders dominieren. Dargestellt wird dies in vier Feldern innerhalb eines Quadrates. Unten links CW-Blau (Rationalisten), oben links CW-Grün (Konservative), oben rechts CW-Gelb (Intuitive) und unten rechts CW-Rot (Emotionale)

1 Typus dominiert. 2 Typen dominieren. 3 Typen dominieren.

Nach diesem Modell gibt es 15 mögliche Grundvarianten. Wem das nicht genug ist, der kann das Modell verfeinern, in dem er weitere Gruppen unterscheidet, zum Beispiel stark dominant (sehr hohe Punktzahl in einem Sektor), dominant (Punktzahl im Mittelfeld) und wenig dominant (niedrige Punktzahl). Doch Vorsicht: Auf diese Weise entstehen über 40 Typenprofile. Weniger ist aus unserer Erfahrung mehr und in der Kundenkommunikation nach der 4-Farben-Sprachmethode praktikabler.

2.2.6 Relevanz vor Aufmerksamkeit

Wir nehmen die Welt subjektiv wahr und schaffen uns so eine eigene Wirklichkeit nach unseren Vorstellungen. Jeder Mensch hat sein individuelles, ganz persönliches Weltmodell. Diesem Modell liegen seine Erfahrungen sowie äußere Einflüsse wie Umwelt, Gesellschaftsform, Erziehung, Bildung, Beruf und Lebenspartner zugrunde. *„Wenn wir keine Vorurteile hätten, würde es uns nicht so viel Vergnügen bereiten, in anderen welche zu entdecken"*, schrieb der Soziologe Alphons Silbermann in seinem Buch über die Kunst, mit Vorurteilen zu leben („Alle Kreter lügen", Köln, 1995).

Jeder von uns hat seine Vorurteile. Dennoch sind gewisse Grundwerte der Schlüssel für menschliches Verhalten in unterschiedlichsten Lebensformen. Zu den Grundwerten zählen auch die Lebensgestaltung, die Ehe, die Familie, sittliche Haltungen, Dialogfähigkeit sowie die Prinzipien gesellschaftlicher und politischer Ordnungsgestaltung wie die zur Demokratie oder zum Gemeinwohl. Menschen sind in vielfältiger Weise fundamental verschieden, aber Einstellungen und Funktionen menschlichen Verhaltens weisen Ähnlichkeiten auf. Im Mittelpunkt des Semantik-Konzeptes dieses Kapitels stehen die Werte der Gesellschaft, nach vier Farben codiert. Die Werte und das menschliche Verhalten bauen die Brücke zur Argumentation.

Soziodemografische Zielgruppen sind in vielen Bereichen der Werbung und Verkaufsförderung immer noch der Standard. Hier werden Menschen weitgehend wie fremde Wesen nach Faktoren wie Alter, Geschlecht, Sprache, Einkommen und Bildungsstand unterschieden. Beim CW stehen die gesellschaftlichen Werte und sozialen Milieus im Mittelpunkt, denn sie sind viel aufschlussreicher. Kunden sind zwar in vielfältiger Weise fundamental verschieden, aber Einstellungen und Funktionen ihres Verhaltens orientieren sich an Werten, die Ähnlichkeiten aufweisen. Damit sind Aussagen über künftiges Verhalten möglich.

Mit welchem Sensorium wir eine Situation wahrnehmen, hängt von unserer Erfahrung ab. Kunden wie Verkäufer sind auf einige wenige Faktoren fokussiert. Jeder Mensch interpretiert ein und dieselbe Situation unterschiedlich, auch abhängig davon, über welchen Kanal er die Botschaften bevorzugt empfängt. Beispiele nannten wir zuvor (Seite 104f.). Der Empfänger reagiert unabhängig von den Absichten des Senders. Welchen Sinn eine Information ergibt, steht mit den Werten und der inneren Überzeugungen eng in Beziehung. Die Frage nach dem Warum, die sich der Kunde stellt, entscheidet, ob er ein Argument für sinnvoll hält oder nicht.

Beispiel: Allrad-Fahrzeug

	rationale Werte CW-Blau	**konservative Werte CW-Grün**	**intuitive Werte CW-Gelb**	**emotionale Werte CW-Rot**
Ziel	schnell fahren	zuverlässig fahren	auffällig fahren	angenehm fahren
Erwartung/ Argument	eine hohe PS-Leistung	eine bewährte Technik	ein neues Design	eine bequeme Schaltung

Beispiel: Job-Suche

	rationale Werte CW-Blau	**konservative Werte CW-Grün**	**intuitive Werte CW-Gelb**	**emotionale Werte CW-Rot**
Ziel	eine hohe Stellung	ein festes Gehalt	eine vielfältige Arbeit	eine angenehme Atmosphäre
Erwartung/ Argument	eigenständiges Handeln	regelmäßiges Einkommen	kreative Abwechslung	Teamarbeit mit netten Kollegen

Überzeugen lässt sich ein Kunde, wenn die wahrgenommenen Ereignisse und Argumente mit seinen persönlichen Werten übereinstimmen. Nur dann ergeben sie einen Sinn, der für den Kunden nachvollziehbar ist. Werte können sich aufgrund der Erfahrungen, die wir im Laufe eines Lebens machen, ändern.

Werte haben mit Wunschvorstellungen und Sehnsüchten zu tun. Werden die Werte eingelöst, fühlt sich der Mensch zufrieden. Geraten sie ins Wanken oder wird das, wovon man träumt, nicht eingelöst, entstehen Unzufriedenheit, Missmut und Unsicherheit. Menschen mit gleichen Wertvorstellungen (zum Beispiel konservativ, zuverlässig und rücksichtsvoll) kennen dennoch verschiedene Wünsche sowie Ziele und treffen unterschiedliche Entscheidungen. Je nachdem, mit welchem Sensorium und aus welcher Perspektive sie eine Situation beurteilen: Das macht die enorme Vielfalt der Menschen aus.

Beispiel: Allrad-Fahrzeug
Verschiedene Erwartungen führen zum gleichen Ziel

Werte	rationale Werte CW-Blau	konservative Werte CW-Grün	intuitive Werte CW-Gelb	emotionale Werte CW-Rot
Ziele	schnell fahren	zuverlässig fahren	auffällig fahren	angenehm fahren
Kunde A	10 Liter Verbrauch	bewährte Technik	neues Design	eine bequeme Schaltung
Kunde B	max. 15.000 Euro	5 Jahre Garantie	viele Extra-Aufbauten	ein angenehmes Lederpolster

Gleiche Erwartungen führen zu unterschiedlichen Zielen:

Werte	rationale Werte CW-Blau	konservative Werte CW-Grün	intuitive Werte CW-Gelb	emotionale Werte CW-Rot
Ziele	5 Liter Verbrauch	zuverlässig fahren	auffällig fahren	angenehm fahren
Kunde A	preiswert fahren = wählt Standard-modell	bewährte Technik	neues Design	eine bequeme Schaltung
Kunde B	preiswerter Verbrauch = wählt Luxus-Ausstattung	5 Jahre Garantie	viele Extra-Aufbauten	ein angenehmes Lederpolster

Gleiche, konservative Typen treffen unterschiedliche konservative Entscheidungen

Kunde	konservative Werte	konservative Entscheidung
Kunde A	setzt auf bewährte Technik	entscheidet sich für Subaru, den Allrad-Spezialisten und kauft ein Modell mit Standard-Ausstattung
Kunde B	vertraut der „gehobenen" Marke	entscheidet sich für einen hochpreisigen Mercedes mit 4matic-Technik

Beispiel: Auffälliges Fahrzeug
Gleiche, intuitive Typen mit gleichen Zielen treffen unterschiedliche irrationale Entscheidungen:

Kunde	irrationale Ziele	irrationale Entscheidung
Kunde A	beide wollen mit einem außergewöhnlichen Outfit auffallen	entscheidet sich für einen Renault Kangoo und lässt ihn mit Zebrastreifen lackieren
Kunde B		entscheidet sich für einen Land Rover und lässt ihn mit allem erdenklichen Extrem-Outdoor-Zubehör ausstatten

Beispiel: Bequemes Fahrzeug
Gleiche, emotionale Typen mit gleichen Zielen treffen unterschiedliche, dennoch gefühlsgesteuerte Entscheidungen:

Kunde	irrationale Ziele	irrationale Entscheidung
Kunde A	beide wollen angenehmen entspannenden Fahrkomfort genießen	wählt ein Fahrzeug mit bequemer Automatikschaltung
Kunde B		wählt ein Fahrzeug mit bequemen Permanent-Allrad und komfortabler Leder-Innenausstattung

Ob eine Botschaft beim Kunden Aufmerksamkeit gewinnt und ob er den Inhalt für relevant empfindet, ist abhängig vom Typus und dessen Zielen. Er wägt bewusst oder unbewusst ab, pro oder contra. Vier Faktoren können ihn dabei beeinflussen: *Nutzen (rational), Vertrauen (konservativ), Erlebniswert (intuitiv)* und *Attraktivität (emotional).*

Beispiele für verschiedene Abwägungen:

1. Decken sich meine individuellen Ziele mit der (Werbe-)Botschaft?

   Angebot: Clubschiff-Kreuzfahrt
   Abwägung Erlebniswert:
   Pro: *Ja, prima Idee, da geht es leger an Bord zu, da erleb' ich was.*
   Contra: *Nein, nichts für mich, ich mag keinen Cluburlaub.*

2. Passt das Produkt bzw. die Leistung in meine Lebenswelt?

   Angebot: Tiefkühlkost
   Abwägung Nutzen:
   Pro: *Ja, guter Vorschlag, da ist das Essen schnell auf dem Tisch.*
   Contra: *Nein, lieber gesünderes Gemüse aus meinem Garten.*

3. Bietet mir das Produkt oder die Leistung eine neue Idee oder eine Lösung für die Situation, in der ich mich gerade befinde?

   Angebot: Fernsehsessel
   Abwägung Attraktivität:
   Pro: *Ja, angenehmer Gedanke, denn jeden Abend tut mir beim Fernsehen auf dem Sofa der Rücken weh.*
   Contra: *Nein, ich schau ja kaum Fernsehen.*

4. Deckt sich meine Vorstellung über ein Unternehmen oder über eine Marke mit dem Image des Anbieters?

   Abwägung Vertrauen:
   Pro: *Ja, eine Rolex am Arm – damit kleide ich mich mit einer angesehenen Marke und zeige Stil.*
   Contra: *Nein, ich lauf doch nicht mit einer Rolex rum, was sollen die Leute von mir denken?*

Ziel der CW-Strategie ist, mit Hilfe der vier Grundtypologien und den vier Erfolgsfaktoren *Nutzen, Vertrauen, Erlebniswert* und *Attraktivität* die Aufmerksamkeit zu erhöhen. Und zwar derart, dass die Botschaft vom Empfänger zunächst als neuartig und schließlich für relevant bewertet wird, weil sie typgerecht ist.

Aufmerksamkeit durch Neuartiges wecken

Die Botschaft greift ein der Zielgruppe vertrautes Alltagsthema auf (Problem/Bedürfnis) und thematisiert dies entweder in gewohnter oder in neuartiger Weise. Unbewusst schenkt der Empfänger der Botschaft eine besonders hohe Aufmerksamkeit, wenn diese ihm neuartig erscheint. Je gewöhnlicher eine Botschaft wirkt, desto mehr sinkt die Aufmerksamkeit.

Aufmerksamkeit	Inhalt	Beschreibung
--	gewohnt	Der Inhalt gleicht einer bereits gemachten Erfahrung Vorteil: Glaubwürdigkeit Nachteil: wirkt selbstverständlich, kaum begehrlich
-	relativ gewohnt	Der Inhalt entspricht im Wesentlichen der Situationserwartung der Zielgruppe (im Alltag vertraut und bewährt thematisiert)
+	relativ neu	Der Inhalt weicht in einigen wichtigen Betrachtungsweisen von der Erwartung in einer typischen Situation ab (vertrautes Thema wird aufgriffen und neuartig inszeniert)
++	völlig neu	Der Inhalt weicht stark von den gewohnten Erwartungen an die Situation ab. Beispiele: • Ein unerwartetes Objekt oder Ereignis in der Situation • Zeit oder Raum eines Objekts in der Situation verändert - Form oder Gestalt eines Objekts in der Situation ungewöhnlich Vorsicht: Übertreibungen können negativ bewertet werden Folge: wenig oder keine Relevanz

Aufmerksamkeit durch Relevanz erhöhen

Hat etwas Ungewohntes oder Neues Interesse geweckt, ist das noch keine Garantie, den Empfänger mit der Botschaft zu überzeugen. Das Neuartige bekommt nur dann eine besonders hohe Aufmerksamkeit geschenkt, wenn der typologische Nutzen erkannt wird. Je nach Typus wird der Nutzen unterschiedlich wahrgenommen. Der Rationalist sieht zum Beispiel den Nutzen, wenn das Neuartige günstig ist und einem logischen Zweck dient. Der Emotionale nimmt den Nutzen zum Beispiel wahr, weil er das Gefühl hat, dass er mit dem Angebot attraktiver wirkt (z.B. Wirkung auf Dritte mit einem raffinierten Mode-Accessoire).

Relevanzkriterien/ CW-Typus	Bewertungsspektrum	Beispiele
Nutzen/Rationalisten	+ überzeugend - unnütz	überzeugend, günstig, normverträglich, zweckdienlich
Vertrauen/Konservative	+ glaubwürdig - unglaubwürdig	authentisch, begründet, gültig, wahrhaftig, sicher
Erlebniswert/Intuitive	+ ideenreich - fantasielos	visionär, begeisternd, originell, aufheiternd
Attraktivität/Emotionale	+ begehrenswert - unattraktiv	anziehend, lieblich, aufregend, aufreizend, betörend

2.2.7 Customized Mailings

Personalisierte Informationen bestehen aus Modulen, die entsprechend den Bedürfnissen und Präferenzen eines jeden Kunden individuell zusammengestellt und gestaltet werden können. Individuelle oder individualisierte Text- und Bildbausteine sind mit der industriellen Mass Customization vergleichbar. Das Anpassen von Informationen und Kampagnen an die Bedürfnisse eines einzelnen Kunden ist heute per Live-Content und Digitalprint einfacher denn je. Im Prinzip hat sich nichts geändert: Wer seine Kunden versteht, erkennt deren Bedürfnisse und kann gezielt kommunikativ darauf eingehen. Ein noch heute zutreffender Hinweis, der aus dem ersten CW-Buch, Ausgabe 1994, Seite 88, stammt:

> *„Man wird um die psychologische Auseinandersetzung zwischen Konsument, Produkt, Unternehmen und Mitarbeiter nicht herumkommen. Ein längst fälliger Übergang von sach-, marken- und technikorientierten Texten zu einer Schreibkultur, die sich mit Leidenschaft um das Reaktionsverhalten seiner Leser sorgt."*

Noch vor wenigen Jahren wurden Informationen zentral herausgegeben und gestreut. Die Folge dieser Push-Kommunikation: Der Pegel der Informationsflut stieg unaufhörlich. Zunehmend erhielten und erhalten Empfänger Informationen, die für sie völlig irrelevant sind. Erschreckender wie überzeugender Beleg, wie real diese unerwünschte Situation ist: Die Fülle der Briefkasten-Stoppschilder „Werbung unerwünscht" oder „Bitte keine Werbung". Im Grunde eine Ohrfeige an Werbetreibende und die klare Botschaft, dass Konsumenten den Werbern ihren Rücken zeigen!

Die Anforderung an Prozesse zum Erfassen, Aktualisieren und Verändern von Inhalten haben sich drastisch geändert und werden es weiterhin tun. Idealerweise werden heute einmal verfasste Texte gesammelt und in die Templates unterschiedlicher Informationsarten und Medien gefüllt.

Die Erkenntnis, dass Kunden ganz verschieden „ticken“ und sich daraus eine Typik ableiten lässt, haben wir unter anderem bei einem deutschen Automobilhersteller in praktischen Nutzen umgesetzt. Wir haben Mitarbeiter in Seminaren befähigt, in Kundenbriefen „zwischen den Zeilen“ zu lesen. Im CW-Buch aus dem Jahr 2009 wurden zwei Reklamationsbriefe gegenübergestellt, die sich in der Wortwahl stark unterscheiden: Brief A ist betont konservativ mit Zahlen angereichert, Brief B ist betont erlebnisorientiert mit vielen Wortbildern ausgeschmückt. Zwei Kunden, die völlig verschieden ticken und dennoch die gleiche Automarke bevorzugen, wenn auch aus unterschiedlichen Modellreihen. Wie sollte es auch anders sein: Der Brief-A-Kunde fährt das Mainstream-Modell, während der Brief-B-Kunde das durch Design hervorstechende revolutionäre „Kultfahrzeug“ bevorzugt. Die Erkenntnisse der Analyse von Kundenbriefen hat sich das Unternehmen im Bereich CRM zu Nutze gemacht.

Das Ziel:
Kundenkorrespondenz rationalisieren und gleichzeitig individualisieren. Kein Widerspruch, sondern praktisch realisiert.

Der Weg:
Dazu wurden vorhandene Textbausteine optimiert und vierfach „übersetzt“. Das heißt: Für jeden von uns definierten Typus wurde eine Textvariante erstellt (rational, konservativ, intuitiv und emotional).

Das Resultat:
Der Kunde hat das Gefühl: „Die sprechen genau meine Sprache, die verstehen mich.“

In unserem schriftlichen Management-Lehrgang, der seit 2006 im Einsatz ist, sprechen wir zum Thema Direktmarketing die häufigste Kundenkritik in der Direktwerbung an: *„Die Empfänger empfinden Werbepost als zu aufdringlich. Ursache: Übertriebene rhetorische, typografische und visuelle ‚Verstärker', welche die Leselust blockieren.“* Als Lösung zeigen wir in einem Schaubild, wie sich Streuverluste reduzieren lassen und sich der Rücklauf erhöhen kann. Statt eines Brieftextes an alle Adressaten werden verschiedene Textfassungen an verschiedene typologische Adressengruppen verschickt. Hier am Beispiel von Sinus®-Milieus (siehe Seite 126).

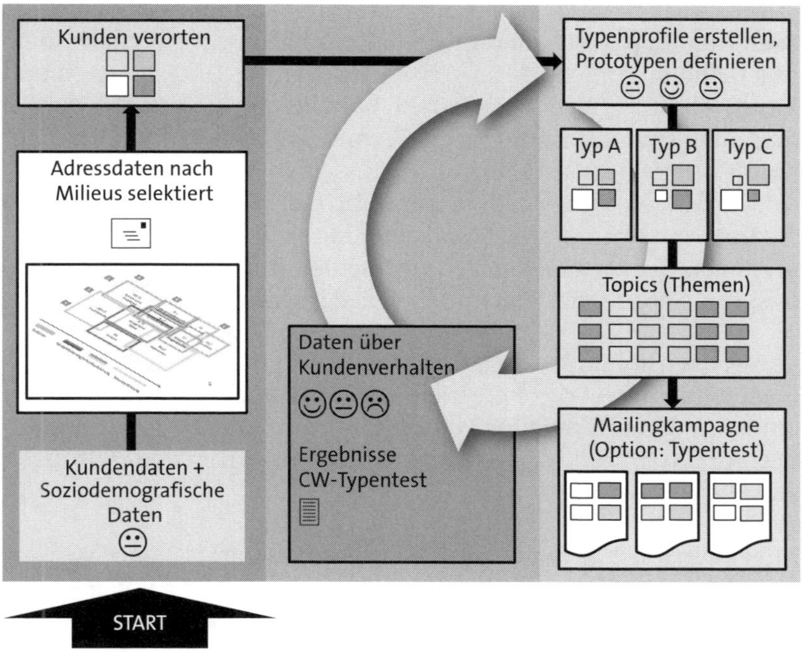

Abbildung 13: Customized Mailings, (Quelle: Förster & Förster)

Noch vor wenigen Jahren erschien das Umsetzen dieses Ansatzes wegen eines vermeintlich zu hohen Aufwands fast unmöglich. Heute bietet der Markt intelligente Kampagnen-Management-Software an, mit der dies effizient und rentabel umgesetzt werden kann (siehe Kapitel 4 und Andreas Förster, „Kundenkommunikation", 2014).

Dennoch erleben wir es immer wieder – wie kürzlich bei zwei Katalogversendern aus dem Modebereich mit Zielgruppe 50 plus –, dass verantwortliche Marketeers immer noch der Meinung sind, dies sei etwas für die Zukunft und heute nicht zu stemmen, weil zu personalintensiv. Die Folge solcher Vorurteile: Die Katalogkunden werden weiterhin in klassischer Form mit Informationen überhäuft, die für sie nicht relevant sind!

Die künftige Herausforderung solcher Unternehmen: intelligent strukturierte, modulare Inhalte, die zentral an einem Ort gespeichert werden. Dieser Aufwand lohnt sich langfristig, weil sich künftig Sales/Marketing, Forschung/Entwicklung, CRM/Support oder Aus- und Weiterbildung Inhalte teilen, beliebig zusammenfügen und mehrfach wiederverwenden können. Unternehmen und Kunden profitieren davon. Inhalte reduzieren sich deutlich. Informationen sind durchgängig, die Terminologie einheitlich. Und der Kunde erhält stets auf seine Bedürfnisse und Typik zugeschnittene Informationen, denen er weit mehr Aufmerksamkeit schenkt, weil sie für ihn relevant sind. Dank modularer Inhalte können Informationen für verschiedenste Printmedien und digitale Geräte wie Desktop, Tablet oder Smartphone wiederverwendet werden.

Dieses Buch soll unter anderem dazu beitragen, dass sich die heute noch landläufig verbreitete Meinung, das sei zu zeitaufwändig, zu teuer, zu lernintensiv, zu komplex und für die Texter benutzerunfreundlich, verabschiedet. Und dies in Form von Lösungen anstelle weiterer Kritik.

Allgemein wird angenommen, dass Verbraucher im Durchschnitt täglich mindestens mehreren hundert wenn nicht gar tausenden Werbebotschaften ausgesetzt sind und man weiß, dass angepeilte Zielgruppen nur dann erreicht werden, wenn sich das Marketing den Bedürfnissen und Interessen kleiner Gruppen und sogar Einzelpersonen anpasst. Untersuchungen zeigen, dass personalisiertes Marketing die Response-Quoten und den Umsatz um 23 Prozent und die durchschnittliche Anzahl an Bestellungen um 18 Prozent steigert. (Quelle: „Quark Software Inc., Ein Fall für Web-to-Print", 2013).

Um mit den Anforderungen an die industrialisierte Kommunikation Schritt zu halten, müssen Unternehmen ihre Marketingkampagnen auf eine Vielzahl von Zielgruppen zuschneiden, Marketingmaterial für diese Kampagnen zeitnah produzieren und bereitstellen sowie ihre Angebote typologisch personalisieren.

Mehr als 50 Prozent der Kosten und der Zeit für die Erstellung von Marketingmaterial sind prozessbezogen: Kreativteam, Redaktion, Projektmanagement, Produktion, Versand, Distribution. Diese Gemeinkosten lassen sich durch Industrialisierung reduzieren, so dass Unternehmen ihr Geld effektiver investieren können.

2.3 Von der CW-Typologie zu CW-Prototypen

Bekannt aus Trainings, Bewerbertests und Teambildungscoaching sind Modelle wie Insights, Limbic-Maps, Struktogramme, Team-Designs, DISG/Persolog oder das Herrmann-Dominanz-Modell, um einige beispielhaft zu nennen. Das Struktogramm beruht zum Beispiel auf der Evolutionstheorie. Stamm-, Zwischen- und Großhirn werden bestimmte Eigenschaften zugeschrieben, die sich beim Menschen mehr oder weniger bemerkbar machen. HDI geht davon aus, dass die Persönlichkeit des Menschen von der Hirnfunktion her gesteuert wird, und unterscheidet mit Hilfe von vier Farben zwischen Funktionen der analytischen linken und der emotionalen rechten Hirnhälfte. Das bekannte DISG- bzw. Persolog-Persönlichkeitsprofil orientiert sich an der Funktion der Psyche.

Die CW-Archetypen können grundsätzlich mit diesen und anderen Modellen mit Hilfe von Textanalysen der Profilbeschreibungen synchronisiert werden. Dabei werden die Typen in Gruppen unterteilt, die sogenannten Cluster. Die einem Cluster zugeordneten Typen sind möglichst homogen. Die unterschiedlichen Clustern zugeordneten Typen unterscheiden sich stark voneinander, sind also weitgehend heterogen. Geprüft wird, ob sich möglichst viele Profilmerkmale ähnlich oder unähnlich sind. Beispiele:

	CW-Blau **Perfektionisten**	**CW-Grün** **Konservative**	**CW-Gelb** **Intuitive**	**CW-Rot** **Emotionale**
Insights	Beobachter Direktor	Unterstützer Koordinator	Inspirator Reformer	Motivator Berater
Limbic Maps	Abenteurer Performer Diszipliner	Bewahrer Diszipliner	Hedonist Abenteurer	Genießer
Persolog/ DISG	dominant	stetig	initiativ	gewissenhaft

Tabelle 3: CW-Archetypen und andere Typologiemodelle (Quelle: Hans-Peter Förster, „Texten wie ein Profi")

2.3.1 Prototypen definieren und in Lebenswelten verorten

Mit Hilfe der vier CW-Grundtypen (Archetypen) wird Komplexes einfach anwendbar. Als die CW-Typologie und 4-Farben-Sprachmethode Ende der 1990er Jahre in dem Seminar „CW – Chancen für Kommunikation und Marketing" Premiere hatte, schrieb eine

Redakteurin in ihre Beurteilung. „So einfach, dass man denkt, man hätte selbst darauf kommen müssen."

Wie der vorgenannte Mitarbeiter-Test gezeigt hat, „ticken" Menschen unterschiedlich. Stimmt der Takt, herrscht eine Art Gleichklang in Lebensauffassungen, Lebensweisen und im Konsumverhalten. Daher finden sich Menschen häufig in übereinstimmenden Lebenswelten zusammen und fühlen sich in diesen Milieus „zu Hause". Gleichzeitig distanzieren sie sich bewusst oder unbewusst von anderen Milieus. Eine damit unbewusst verknüpfte Erwartung: „Sprich mit mir oder schreibe mir, aber in meiner Farbe."

Die folgende Tabelle zeigt modellhaft, wie sich die CW-Typologie und die 4-Farben-Sprachemthode mit Milieu-Definitionen verschiedener Anbieter durch Prototypen (auch Personas genannt) verbinden lässt. Diese Milieus wurden nach ihrer sozialen Lage und Grundorientierung von Sinus Markt- und Sozialforschung, Heidelberg (Sinus Milieus®, www.sinus-institut.de), SIGMA Gesellschaft für internationale Marktforschung und Beratung, Mannheim (Sigma Milieus®, sigma-online.com) und Delta-Institut für Sozial- und Ökologieforschung, Penzberg (DELTA-Milieus®, www.delta-sozialforschung.de) definiert.

Anders als bei den Grundtypen der CW-Typologie stellt hier jeder Prototyp eine Gruppe von Nutzern mit übereinstimmenden ausgeprägten Eigenschaften und typischen Nutzungsverhalten dar. Diese können – je nach Unternehmen, Kundenstamm und Kommunikationszielen – individuell definiert werden. B, G, Y und R stehen hier für Blue, Green, Yellow und Red (in Englisch, weil im Deutschen Gelb und Grün die gleichen Anfangsbuchstaben haben). Die unterstrichenen Farben dominieren bei den jeweiligen Prototypen:

CW-Prototypen	Sinus-Milieus®	SIGMA-Milieus®	DELTA-Milieus®
Prototypen in gesellschaftlichen Leitmilieus			
B**GYR** Sozialökos	Sozialökologische	Postmodernes Milieu	Postmaterielle
BG**YR** Elite-Akademiker	Liberal Intellektuelle	Liberal intellektuelles Milieu	Etablierte
BG**Y**R Unkonventionelle	Expeditive	Postmodernes Milieu	Expeditive
Prototypen in traditionellen Milieus			
B**G**YR Besitzbürgerliche	Konservativ-Etablierte	Traditionelles Bürgerliches Milieu	Konservative
B**G**YR Kleinbürgerliche	Traditionelle	Traditionelles Arbeitermilieu	Traditionelle
B**G**Y**R** Handycaps	Prekäre	Benachteiligte	Benachteiligte
Prototypen im Mainstream Milieus			
B**G**Y**R** Mainstream	Bürgerliche Mitte	Bürgerliche Mitte	Bürgerliche Mitte
BG**Y**R Junge Mitte	Adaptiv-Pragmatische	Modernes Arbeitermilieu	./.
Prototypen im hedonistischen Milieu			
BG**Y**R Spaßorientierte	Hedonisten	Hedonistisches Milieu	Hedonisten
BG**Y**R Schrittmacher	Performer	Liberale	Performer

Tabelle 4: CW-Prototypen und Milieus (Quelle: Förster & Förster)

Im Grunde finden sich bei jedem Typus alle vier CW-Farben, jedoch unterschiedlich gewichtet. Deutlich wird hier, dass zum Beispiel „grün nicht gleich grün“ ist: Konservative „Grüne“ aus der traditionellen Kriegs-/Nachkriegsgeneration sind mit anderen „grünen Worten“ anzusprechen als die bürgerliche Mitte. Das Gleiche gilt für die Zielgruppenansprache der „grünen“ gehobenen Schicht der Etablierten.

Wir haben also zwei Parameter, mit denen wir die Zielgruppenkommunikation perfektionieren können:

1. Anteil der CW-Farben Blau, Grün, Gelb und Rot.
2. Lebenswelten, aus denen dieser Typus mit treffenden, relevanten Worten abgeholt werden kann.

3 DIE CW-TEXTMETHODE

Das Kapitel für Mitarbeiter und Macher, die schneller, smarter und strukturierter Informationen erstellen wollen.

In diesem Kapitel geht es um das konstruktiv-kreative Texten modularer Inhalte, die Erfahrungen und Verhalten von Kunden einbeziehen. Diese Inhalte werden in kleinen Einheiten erfasst, verwaltet und publiziert.

3.1 CW-Startpaket: Arbeitshilfen für Mitarbeiter

Bevor wir Sie auf den neuen Wegen in die CW-Zukunft begleiten, bieten wir bewährte Arbeitshilfen für alle, die im Unternehmen Texte verfassen, zum Download an. Wir empfehlen Ihnen, den für nichtkommerzielle Zwecke und Eigennutzung kostenlosen Leser-Service zu nutzen und die Materialien online abzurufen.

3.1.1 Texter-Regeln

Um den sieben typischen Textersünden von vornherein aus dem Weg zu gehen, packen wir im ersten Schritt das Übel an der Wurzel.

1. Texter-Sünde:	aufgeblähte Wörter
Gegenmittel:	klare, leicht verständliche Wörter nutzen
2. Texter-Sünde:	lange, verschachtelte Sätze
Gegenmittel:	kurze Sätze schreiben
3. Texter-Sünde:	lange, zusammengesetzte Wörter
Gegenmittel:	kurze Wörter bevorzugen
4. Texter-Sünde:	passiver Stil
Gegenmittel:	aktiver Stil, aktive Verben
5. Texter-Sünde:	Wortarmut
Gegenmittel:	vielfältige Wörter nutzen
6. Texter-Sünde:	unangenehme Wörter
Gegenmittel:	angenehme Wörter forcieren
7. Texter-Sünde:	eintönige Wörter
Gegenmittel:	Wörter im 4-Farben-Mix nutzen.

Und das funktioniert so:

Startpaket 6 für Mitarbeiter
In unseren CW-Projekten erhalten die Mitarbeiter ein Lesezeichen mit den wichtigsten Regeln und Empfehlungen.
Die Druckvorlage können Sie hier downloaden.
www.wording.de/startpakete

3.1.2 Typologietest und Typologiekarte

In welcher Farbensprache fühlen Sie sich wohl?

Wörter haben wie Farben eine sinnliche Wirkung. Sie können angenehm oder unangenehm wirken, Verlangen entlocken oder Abneigung auslösen. Was bei wem wie gut oder schlecht ankommt, liegt am Typus.

Welches Wort spricht Sie am meisten an?
Natur, Tradition, Hightech, Neues

Welche Aktivität gefällt Ihnen am besten?
ordnen, träumen, querdenken, konstruieren

Welche Eigenschaft spricht Sie am meisten an?
100-prozentig, sanft, beständig, außergewöhnlich

Ergebnis:

Blaue Wörter liefern Fakten, von Perfektionisten bevorzugt:
Hightech, konstruieren, 100-prozentig

Grüne Wörter bieten Sicherheit, vom Typus Konservative geschätzt:
Tradition, ordnen, beständig

Gelbe Wörter inspirieren, vom Typus Intuitive gewollt:
Neuheit, querdenken, außergewöhnlich

Rote Wörter sind Gefühlswörter, vom Typus Emotionale gemocht:
Natur, träumen, sanft

Startpaket 7 für Mitarbeiter
Was für ein Texter-Typ sind Sie?
Diese Frage beantwortet der vollständige Typentest. Mitarbeiter können diesen anonym online durchführen:
www.wording.de/TypenTest/German

Wohl wissend, dass es über sieben Milliarden menschliche Individuen auf unserer Welt gibt, ist die in Kapitel 2 vorgestellte CW-Typologie ein zuverlässiges Modell, um Kunden zu typisieren. So verstehen wir, wie diese „ticken“. Der hier vorgestellte Ansatz berücksichtigt typische Verhaltensmuster, Bedürfnisse, Ziele,

Erwartungen und Werte. Die Kunst eines Texters liegt darin, je nach Identität, Anlass und Zielgruppe in eine, mehrere oder in allen vier Farben-Welten eintauchen und die treffenden, zielgruppengerechten Worte zu nutzen.

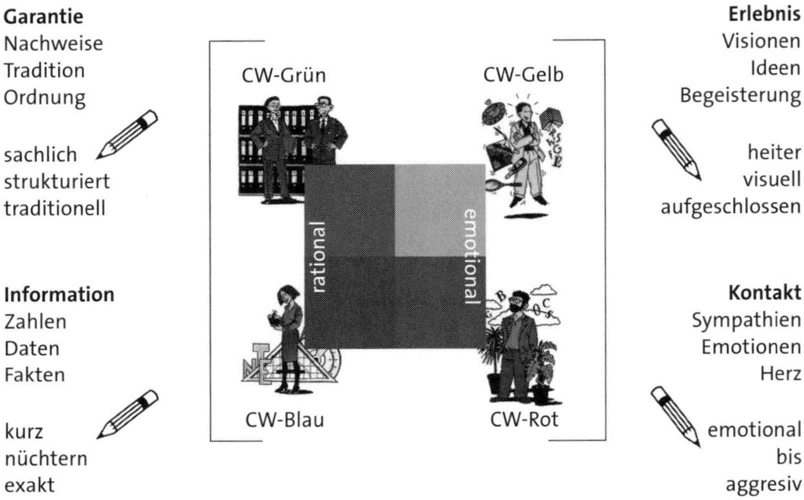

Abbildung 14: Das CW-Typologie-Modell (Quelle: Förster & Förster)

Startpaket 8 für Mitarbeiter
In unseren CW-Seminaren erhalten die Teilnehmer eine Übersicht im Postkartenformat, welche die vier Grundtypen und die passenden Schreibstile darstellen: links unten „Perfektionisten“, links oben „Konservative“, rechts oben „Intuitive“ und rechts unten „Emotionale“. Diese Vorlage können Mitarbeiter als PDF-Datei downloaden, ausdrucken und als „Spickzettel“ nutzen.
www.wording.de/startpakete

3.1.3 4-Farben-Wortschatz

Während der Entwicklung der 4-Farben-Sprachmethode wurde ein praktikables Instrument zur Textanalyse gesucht, mit dem auf einen Blick zu erkennen ist, welches Sprachklima gepflegt wird. Die Lösung: ein blauer, grüner, roter und gelber Farbstift.

Blau:
Texte oder einzelne Wörter, die Zahlen, Daten oder Fakten beinhalten: *quadratisch, parallel, hoch, groß, exakt, punkt ... Uhr*

Grün:
Inhalte, die Garantien und Traditionen vermitteln: *alt, ordentlich, stolz, garantiert, sicher, erfahren*

Gelb:
Wörter, die begeistern, Neugierde wecken und Aufgeschlossenheit ausstrahlen: *sonnig, bunt, sportlich, frech, fröhlich*

Rot:
Reizwörter, die Emotionen ansprechen und von Gemeinschaft erzählen: *rund, warm, geborgen, schön, gesellig, leidenschaftlich*

Auch wenn dies für den einen oder anderen auf den ersten Blick ein wenig technisch klingt: Diese vier Wortcharakteristika spiegeln gleichzeitig unsere bevorzugten Wahrnehmungs- und Verhaltensmuster wider. Wer dieses Modell verstanden hat – in Web-Seminaren kann es in einer halben Stunde vermittelt werden (siehe Seite 102) –, dem fällt es viel leichter, sich in seine Leser und Zuhörer hineinzuversetzen. Er wird bewusst in „blauen, grünen, gelben oder roten Texten" schreiben oder reden.

Ein Beispiel:

„Danke für die *schnelle* Antwort, das war sehr *zuvorkommend.* Ich habe *alles* gelesen. Ihre Ansicht – ganz *offen* gesagt – wird meine *Entscheidung* beeinflussen.

Herzlichen Dank für Ihre Bereitschaft und *Ideenvielfalt.*"

blau: *alles, schnell, Entscheidung*
grün: *zuvorkommend*
gelb: *offen, Ideenvielfalt*
rot: *herzlich*

Übung:

Nehmen Sie vier Farbstifte zur Hand und versuchen Sie ganz spontan und subjektiv, Textstellen und einzelne Worte aus einem

Ihrer Texte, die Sie vor kurzem verfasst haben, nach diesem Farbenschlüssel zu bewerten und zu unterstreichen.

	CW-Blau	CW-Grün	CW-Gelb	CW-Rot
Inhalte	Zahlen, Daten, Fakten	Traditionen, Garantien, Nachweise	Visionen, Ideen, Begeisterung	Sympathie, Emotion, Herz

Auch wenn Sie sich an einigen Stellen nicht schlüssig sind, welche Farbe am ehesten zutrifft, Sie werden dennoch mit einer neuen Erfahrung belohnt: Zeit investieren, um sich über die Wirkung einzelner Wörter bewusst zu werden.

Startpaket 9 für Mitarbeiter
Zum Download steht Mitarbeitern ein Booklet mit farbigen Adjektiven aus unserem Fernlehrgang bereit.
www.wording.de/startpakete

CW-Typologie mit Sachthemen verknüpfen
Es ist wichtig, jeden Typus individuell mit treffenden Worten anzusprechen. Der Idealfall tritt ein, wenn die Botschaft im gesamten Kontext zum Ziel, der Lebenswelt, der momentanen Situation und der Markenerwartung des Adressaten passt. Wie dies technisch machbar ist, beschreiben wir vom Prinzip her in Kapitel 4. An dieser Stelle wollen wir das Thema aus redaktioneller Sicht vertiefen und zeigen, wo und wie man sich zielgruppengerechter Wörter bedienen kann.

Ein nützliches Hilfsmittel, um mit treffender Wortwahl in unterschiedlichste Lebenswelten von Zielgruppen einzutauchen, ist das Dornseiff-Nachschlagewerk (Quelle: „Dornseiff – Der deutsche Wortschatz nach Sachgruppen“, Berlin, 2004). Darin ist ein großer Teil des deutschen Wortschatzes nach 22 Hauptgruppen unterteilt: *Natur und Umwelt, Leben, Wissenschaft, Kunst und Kultur, Essen und Trinken, Sport und Freizeit* usw. Jede Hauptgruppe ist in Sachgruppen unterteilt. Zum Beispiel *Sport und Freizeit: Sportorganisation, Sportgeschehen, Wettkampf, Meisterschaft, Training, Sportstätte, Mannschaftssport, Individualsport, Wassersport, Wintersport* usw.

Jede Sachgruppe ist in semantische Gruppen im Rahmen einer Wortart unterteilt. Die Aufgabe des Texters besteht nun darin, aus Haupt- und Sachgruppen Wörter zu wählen, welche die jeweilige

Lebenswelt besonders ansprechen. Aus diesem gefilterten Wörterfundus lassen sich dann kleine oder größere Stories inszenieren – im typgerechten Mix zwischen rational, konservativ, intuitiv und emotional.

Der Dornseiff enthält aus unserer Sicht und praktischer Erfahrung einen zeitlosen, nicht der Mode und Aktualität unterworfenen Wortschatz. Wir empfehlen dieses Nachschlagewerk für die Praxis, weil es ein großes Hilfsmittel ist, in fremde Welten einzutauchen und seinen eigenen Wortschatz zu erweitern. Natürlich erfordert diese konstruktiv-kreative Herangehensweise etwas Übung, um den Sach- und Situationszusammenhang erkennen zu können. Das Üben wird belohnt: Stimmt der Inhalt mit der Lebenswelt des Adressaten überein, herrscht eine Art Gleichklang in Lebensauffassungen, Lebensweisen und im Konsumverhalten. Sender und Empfänger liegen auf ein und derselben Wellenlänge, weil der richtige Nerv getroffen wurde.

Mit Blick auf die neuen Herausforderungen des strukturierten Textens zeigen wir Ihnen auf den folgenden Seiten, wie sich eine Terminologie-Datenbank erfassen lässt, in der Wörter nach Themen und Prototypen sortiert sind und die Mitarbeitern als Autorenunterstützung bereitgestellt werden kann. Die folgende Tabelle, Ebene 1, zeigt beispielhaft, wie die Inhalte strukturiert sind. Von den in den Spalten unterstrichenen Wörtern zeigen wir im Anschluss die Struktur der 2. Ebene.

Ebene 1:

Hauptgruppe/ Interessengebiet	**Sachgruppen für Besitzbürgerliche** B**G**YR	**Sachgruppen für Kleinbürgerliche** B**G**YR	**Sachgruppen für Spaßorientierte** BG**YR**
Zeit	Dauer, Beständigkeit, Gegenwart, alt, Kontinuität	nie, vergänglich, vorher/nachher, Restzeit, Vergangenheit, selten, Regelmäßig, Pünktlichkeit	Zeitraum, immer, gleichzeitig, sofort, Gegenwart, Zukunft, neu, häufig
Zusammenleben: Fühlen/Affekte/ Charakter	Zufriedenheit, Wohlgefallen, Kunstsinn, Stolz, Wohlwollen, Neid, Härte	Erregbarkeit, Lachen, Trübsinn, Gleichgültigkeit, Vorsicht, Liebe, Dankbarkeit	Lust empfinden, lebhaft, heiter, Wunsch, tollkühn, Einfachheit
Sport	Sportorganisation, Turnier, Meisterschaft, Motorsport, Pferdesport, Tennis, Tourismus	Training, Sportstätte, Mannschafts-sport, Fußball, Leichtathletik, Turnen, Radsport, Motorsport	Training, Individualsport, Wassersport, Wintersport, Extremsport, Freizeitsport, Vergnügen, Reise
Wirtschaft/ Finanzen	Besitz, Anteil, Reichtum, Geiz, Weltwirtschaft, Einkommen, Bankwesen, Wertpapiere, Unternehmertum	Arbeitsplatz, Armut, Erwerb, billig, Tauschhandel, Rente, Steuer, Arbeitsmarkt, Mode, Versicherung	freigebig, Verschwendung, Verleihen, umsonst, Mode

Tabelle 5: Haupt- und Sachgruppen (Quelle: Förster & Förster)

Ebene 2:

Wir greifen beispielhaft aus der Hauptgruppe/dem Interessengebiet das Thema „Zeit“ heraus.

Hauptgruppe/ Interessengebiet	**Sachgruppen für Besitzbürgerliche** B**G**YR	**Sachgruppen für Kleinbürgerliche** B**G**YR	**Sachgruppen für Spaßorientierte** BG**YR**
Zeit	**Beständigkeit** • lange Zeit, Geduld, Robustheit, Ruhe, Stabilität, Stetigkeit • Eiche, Fels, Fundament, Pfeiler • auf lange Sicht, Jahr und Tag, zeitlebens, beständig, dauerhaft, definitiv, felsenfest, langjährig, langlebig, permanent, solid, stabil, stetig, treu, unverändert, • fortdauern, sich behaupten, bestehen bleiben, dauern, feststehen, überdauern, weiterleben • verlängern, bewahren, festigen, ordnen, stabilisieren, verfestigen	**Vergangenheit** • Geschichte, Gedächtnis, Historie, Rückbesinnung, Rückblende, gute alte Zeit • Großeltern, Vorväter • damals, als, nachdem, bereits, ehemals, früher, längst, vorher • vor unserer Zeit, von der Pike auf, zurückliegen, es war einmal, hinter uns liegen, vorbei sein • unwiederbringlich, überholt, vergangen, vergessen • zurückliegen, erlöschen, vergehen, versinken	**Zukunft** • kommende Zeit, Aussicht, Vorausschau, Vorschau • Cyberspace, Fantasy, Sciencefiction • Branchenkenner, Marktforscher • nachher, morgen, zukünftig, in Zukunft, kommend, künftig, später, vermutlich, voraussichtlich, wahrscheinlich • noch vor uns liegen, bevorstehen, noch ausstehend, sich vorbereiten • im Werden, in petto haben, steht zu erwarten, abzeichnen, entgegensehen, sich freuen auf

Tabelle 6: Matrix für „Zeit" (Quelle: Förster & Förster)

Diese Terminologie-Datenbank kann je nach Branche und Bedarf beliebig erweitert werden: Bildauswahl, Textbeispiel, Auszüge aus einem Redaktionsleitfaden, Empfehlung zum Stil oder zur passenden Inszenierungstechnik uvm.

Der praktische Nutzen an zwei weiteren Beispielen erläutert

Nehmen wir einen Mitarbeiter aus der Werbeabteilung eines Finanzdienstleisters an, der für das Thema Privatkredit in einem Mailing zielgruppenkonform werben möchte. Er weiß, dass sich ein Zielgruppensegment für Maritimes interessiert. Da er persönlich in dieser Welt nicht zu Hause ist, sucht er Begriffe rund um die Schifffahrt, damit er für die angepeilte erlebnisorientierte Zielgruppe passende Wörter findet, mit denen er sein Thema in Szene setzen kann. Unter Abschnitt „8.14 Schiff“ findet er im Dornseiff Wörter wie *Hafen, manövrieren, navigieren, kreuzen, in See stechen* etc. Das sind zeitlose Begriffe, mit denen aktive, typologische Bildsprache möglich ist.

- *Wir navigieren Sie zum Ratenkredit mit Niedrigzinsen …*
- *Mit nur 1,3 % Zinsen schon morgen in See stechen …*
- *Urlaubsfinanzierung: kreuzen Sie zu den schönsten Häfen dieser Welt …*
- *Mit uns sicher manövrieren, damit Ihr Traumschiff nicht auf Grund läuft …*

Will der gleiche Texter für eine eher konservative Zielgruppe, die in typischen Reihenhaus-Siedlungen lebt, sein Produkt Bausparen mit einem passenden Thema verbinden, wird er zum Beispiel im Abschnitt „2.4 Pflanzenanbau“ fündig: *Erntezeit, ergiebig, ertragreich, Ernte einholen* usw. Damit lässt sich das Thema Bausparen mit etwas Phantasie und Mut zur Kreativität inszenieren.

Bausparen: reiche Ernte …
nach der Ernte ist gut Bausparen …
ergiebige Zinsen …
nach 10 Jahren die Ernte einholen: 2,4 % Zinsen …

3.1.4 4-Farben-Textbausteine

In der Korrespondenz wäre es wünschenswert, situationsbezogen zu allen vier typologischen Wörtergruppen Zugang zu haben. Aus diesem Bedürfnis heraus entstand die Idee für ein weiteres Hilfsmittel: Textbausteine zu verschiedenen Anlässen, jeweils in eine der vier Farben „übersetzt“. Die Sinn- und Sachzusammenhänge der einzelnen Textbausteine bleiben dabei weitgehend unverändert.

Beispiele:

Textbaustein für einen Brief/eine E-Mail nach einem Gespräch
Blau: „Danke, dass Sie mir zuhörten.“
Grün: „Danke, dass Sie mir Gehör schenkten.“
Gelb: „Es war eine Freude, dass Sie ein offenes Ohr für mich hatten!“
Rot: „Ich weiß es zu schätzen, dass Sie sich mir so aufmerksam gewidmet haben. Besten Dank!“

Textbausteine für einen Brief/eine E-Mail nach einem Telefonat

Blau: „Das Telefonat mit Ihnen war sehr konkret und nützlich."

Grün: „Das war ein aufschlussreicher Erfahrungsaustausch am Telefon, vielen Dank."

Gelb: „Unser telefonischer Ideenaustausch hat mir viele neue Impulse gegeben. Danke!"

Rot: „Er hat mir wirklich viel gebracht, der telefonische Gedankenaustausch mit Ihnen. Herzlichen Dank!"

Wer dieses Hilfsmittel nutzt, zeigt dem Dialogpartner, dass er dessen Sprache versteht. Durch etwas Übung inspirieren die Textvorschläge zu neuen Ideen, so dass der Schreiber eines Tages ganz automatisch einen eigenständigen und unverwechselbaren Formulierungsstil entwickelt hat. Er wird erfahren: Trotz persönlicher Distanz zwischen Absender und Empfänger entsteht Sympathie – ein Übergang von sachorientierter Korrespondenz zu einer Kommunikationskultur, die sich mit Leidenschaft um das Reaktionsverhalten seiner Empfänger sorgt!

Startpaket 10 für Mitarbeiter
Zum Download steht Mitarbeitern eine Textbaustein-Sammlung bereit.
www.wording.de/startpakete

3.1.5 Anleitung 4-Farben-Briefe

Bei einem Mailing an eine heterogene Zielgruppe empfiehlt sich – orientiert am Leserverhalten – die Reihenfolge Grün → Gelb → Blau → Rot. Wir „switchen" damit im Wechsel von der linken zur rechten Hirnhälfte und zurück (rationale/emotionale Hemisphäre).

Für Konservative (Grün):
Starten Sie mit einem Sachverhalt, den der Empfänger bejahen wird.
Womit befasst sich der Brief? Warum wurde der Brief geschrieben?

Für Intuitive (Gelb)
Liefern Sie im Anschluss Ideen und Visionen.

Für Perfektionisten (Blau)
Legen Sie Fakten nach und führen Sie den Leser zu einer Entscheidung.
Wofür soll er sich entscheiden? Wie soll er jetzt handeln? Was soll er tun?

Für Emotionale (Rot)
Kitzeln Sie am Ende des Mailings am Gefühl!
Wecken Sie neue Dialoge mit einem außergewöhnlichen Schlusssatz anstelle von „Mit freundlichen Grüßen".

Startpaket 11 für Mitarbeiter
Zum Download steht Mitarbeitern ein Übungsblatt bereit.
www.wording.de/startpakete

3.1.6 Anleitung 4-Farben-Flyer

Für einen sechsseitigen Flyer (DIN-A4-Blatt mit Wickelfalz) stehen Ihnen neben der Titelseite und der Rückseite vier Seiten zur Verfügung. Teilen Sie diese vier Seiten in vier Themenabschnitte auf. Notieren Sie sich zu jedem Abschnitt ein Stichwort für eine kurze typgerechte Zwischenüberschrift.

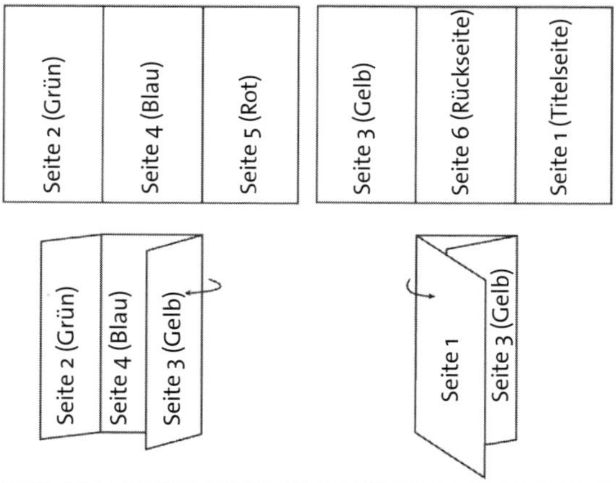

Abbildung 15: Anleitung für 4-Farben-Flyer (Quelle: Förster & Förster)

Die erste Seite ist für den Titel, eventuell auch mit Bild und den vier Zwischenüberschriften gedacht.

Empfohlene Reihenfolge: Grün, Gelb, Blau, Rot.

Texten Sie für die Umschlagseite eine kurze Überschrift. Auch ein einzelnes Wort kann vermitteln, um was es geht, und Interesse wecken. Die Stichworte sollten etwas über den Inhalt der Broschüre ankündigen.

Starten Sie auf Seite 2 mit einem Sachverhalt, den der Empfänger bejahen wird. Beispiel: „Die Energiekosten werden weiter steigen."

Womit befasst sich das Thema? Warum wurde die Broschüre herausgegeben?

Liefern Sie im Anschluss Ideen und Visionen. Nutzen Sie gelbe Adjektive aus der zuvor erwähnten Wörtersammlung.

Legen Sie auf der Flyer-Seite 4 Fakten nach und führen Sie den Leser zu einer Entscheidung. Wofür soll er sich entscheiden? Wie soll er jetzt handeln? Was soll er tun?

Streicheln Sie auf Seite 5 die Seele des Lesers mit emotionalen „roten" Wörtern. Auch hier hilft Ihnen die Wörtersammlung.

Seite 6, die Rückseite der Broschüre (letzte Seite oder Rückseite), verwenden Sie für alle weiteren Informationen, wie Adresse, Kontaktdaten, Programmdetails etc.

Startpaket 12 für Mitarbeiter
Zum Download steht Mitarbeitern ein Übungsflyer bereit.
www.wording.de/startpakete

3.2 Kompetenzen für CW 3.0 erlangen

Mitarbeiter, die für ihr Unternehmen Texte verfassen, bedürfen der Fähigkeit, Gedanken mittels Buchstaben sichtbaren, dauernden Ausdruck zu geben, ohne ins Poetische zu verfallen. Vergleichbar mit *Design* hat sich unternehmerische Textgestaltung an die vielfältigen Bedürfnisse von unterschiedlichsten Menschen zu orientieren. Gleichzeitig müssen Texte wie Design eine technisch-praktische Funktion erfüllen (im Gegensatz zur reinen Schreibkunst). *Typografie* erfüllt eine ästhetische Funktion und *Lesetypografie* (nach Hans P. Willberg, einer der bedeutendsten deutschen Buchgestalter der Nachkriegszeit) unterstützt die technisch-praktische *Funktion* von Texten, verknüpft mit dem Faktor der Verständlichkeit. All dies setzt in hohem Maße (Kunden-)*Verständnis* voraus, ein Talent, sich in andere Menschen hineinzuversetzen, und die Bereitschaft, mit diesem mitzuschwingen.

Betrachtet man die Wortungetüme und Bandwurmsätze in Quartals- und Geschäftsberichten oder die mit Nominalstil überfrachteten Stellenbeschreibungen, die jedes aktive Engagement zunichte machen, so muss man sich über Folgendes nicht wundern: Ausgerechnet die dafür verantwortlichen Geschäftsführer und Personalchefs unterliegen häufig dem Irrtum, schreiben könne doch jeder, der die Schule besucht hat, und daher bedürfe es keiner besonderen Aus- und Weiterbildung.

„Allein durch die falsche Wortwahl setzen Unternehmen alljährlich Milliarden Mark in den Sand“, berichtete die Wirtschaftswoche Nr. 12 im Jahr 2000. Heute sind es vermutlich Milliarden Euro, die aus dem Fenster geworfen werden, während gleichzeitig am falschen Ende gespart wird. Dies spiegelt auch das Ergebnis unserer im ersten Kapitel erwähnten Blitzumfrage (Seite 35f.).

Ein Blick auf die Modulübersicht der Fachbeschreibung unseres Hochschullehrgangs „Corporate Wording – Texten wie ein Profi“ zeigt, wie komplex das Thema ist. Ein Stoff, der weit über das hinausgeht, was die Schule lehrt:

Methode	1	Die 4-Farben-Sprachmethode
Gestaltung	2	Von der Idee zum Text
	3	Die Kunst, noch treffender zu schreiben
Basics	4	Abschied von Floskeln und Papierwörtern
	5	Kundendialoge: freundlich, professionell
Strategie	6	Identität braucht eine klare Sprache
	7	Textquality-Management
Fachthemen	8	Direct-Marketing: Response steigern
	9	Texten im Office (Protokolle, Mitarbeiterschreiben etc.)
	10	Stelleninserate professionell texten
Engineering	11	Content-Optimierung mit SDL Tools

Tabelle 7: Fachbeschreibung Corporate Wording (Quelle: Förster & Förster für OTH Technischen Hochschule Amberg-Weiden und ZfU International Business School, Thalwil/ Schweiz)

Startpaket 13 für Mitarbeiter
Zum Download steht Interessierten eine Probelektion in Form eines PDF-Portfolios bereit.
www.wording.de/startpakete

3.2.1 Neue Kundenansprüche erfordern neues Texten

Wie anfangs erwähnt, ist durch mobile Geräte das Internet allgegenwärtig geworden. Das hat die typischen Gewohnheiten, wie man an Produktinformationen kommt, völlig geändert, speziell die Erwartungen, diese Informationen ohne großen Zeit- und Arbeitsaufwand schnell zu finden und sofort nutzen zu können. Diese Veränderungen wirken sich sowohl auf die Erwartung von Interessenten als auch auf Kunden aus, die bereits im Besitz von Produkten sind.

Das Internet erleichtert das Suchen und Finden von Informationen:

- vor dem Kauf,
- beim Kauf,
- beim Lernen, wie man ein Produkt benutzt,
- beim Beheben von Fehlern,
- nach den Kauf.

Interessenten erwarten heute Zugang zu Unterlagen, die sie früher traditionell erst nach dem Kauf bekommen hätten. Einige Unternehmen haben festgestellt, dass 80 Prozent der Kunden Produktdokumentationen herunterladen, bevor sie einen Kauf beschließen.

Auch nach dem Kauf eines Produkts (Aftersale) haben sich große Änderungen ergeben: Viele Menschen suchen Produktinformationen über Suchmaschinen anstatt auf der Homepage des Unternehmens, von dem das Produkt stammt. Wenn das Unternehmen Glück hat, führt die Suchanfrage auf die Homepage des betreffenden Unternehmens. Aber selbst wenn der Kunde dort landet, kann es passieren, dass er die Informationen, nach denen er sucht, dort nicht findet. Internet-Suchen über Produktinformationen können zu vielen Ergebnissen führen, die sich entgegenstehen oder gar widersprechen.

Nie zuvor waren uneinheitliche Informationen so transparent für den Kunden wie heute. Durch einfache Suchanfragen werden von immer mehr Menschen Inkonsistenz und überholte Inhalte sofort entlarvt. Schlechte Infos führen zum Imageverlust. Negatives Qualitätsempfinden von Informationen überträgt sich unbewusst auf die Beurteilung der Markenqualität:

gute Infos = gute Ware
schlechte Infos = schlechte Ware

Firmen müssen daher professionell erstellte Informationen auf verschiedensten Kanälen bereitstellen. Ohne Engineering-Lösungen wird dies aber zur massiven Redundanz von Inhalten und zu inkonsistenten Inhalten führen, zumal diese mit herkömmlichen Prozessen aus unterschiedlichsten Abteilungen isoliert erstellt werden.

Kürzlich meinte ein Geschäftsführer nach einer Präsentation, CW sei anscheinend sehr softwarelastig. Richtig. Und dies ist nur allzu logisch: Wo entstehen Texte? Wo finden Schreibprozesse statt? Inhalte entstehen am Computer – selten noch auf Papier. Und somit befinden sich auch die CW-Schnittstellen genau dort, wo getextet wird.

Das Wiederverwenden von zentral verwalteten Inhalten (re-use content) auf verschiedensten Kommunikationskanälen und in unterschiedlichster Medienform wird für Firmen daher früher oder später zum unausweichlichen Muss. Das fordert die Unternehmen, ihre Mitarbeiter auszubilden, damit diese die neuen Texter-Kompetenzen beherrschen und anwenden können.

3.2.2 Schnellkurs: Strukturiertes Texten

In diesem Abschnitt erfahren Sie, wie das strukturierte Texten grundsätzlich funktioniert. Im Kapitel 4 „Das CW-Engineering“ erläutern wir, mit welcher Software-Technologie dies effizient genutzt werden kann.

Strukturiert texten, denn Kunden erwarten Informationen nach Maß

Für den elektronischen Versand von Produktinformation wird das PDF-Format bevorzugt. Dieses Standardformat hat viele Vorteile, aber auch einen gravierenden Nachteil: Es sind Dokumente, die es Kunden und Interessenten schwer machen, genau die Informationen zu finden, die sie suchen. Denn die Inhalte sind fix und können nicht im laufenden Abrufprozess individuell auf das Profil des einzelnen Kunden oder Interessen zugeschnitten werden.

Kunden erwarten Informationen, die exakt auf ihre Bedürfnisse zugeschnitten sind. Zum Beispiel möchte vielleicht jemand, der einen Drucker gekauft hat, wissen, wie er den passenden Treiber installieren muss. Ein anderer möchte wissen, ob man den Druckertreiber auch unter Linux installieren kann. Der Verbraucher von heute erwartet, dass die Suche auf der Homepage des Anbieters schnell Ergebnisse liefert. Wenn er nicht schnell die Informationen findet, die er braucht, gibt er auf oder greift zum Telefon, um Unterstützung zu erhalten.

Videos sind dank der gestiegenen Bandbreite im Internet längst selbstverständlich. So ist eine Generation entstanden, die sich eher Videos über die Bedienung eines Produkts ansieht, als eine Gebrauchsanleitung im PDF-Format zu studieren. Die gezielte multimediale Lieferung von Informationen stellt neue Herausforderungen an Unternehmen.

Die mobilen und intelligenten Kanäle verstärken diese Trends, indem sie die Internetsuche immer mehr erleichtern. Diese neuen Möglichkeiten erhöhen die Anforderungen nach variablen Informationsmedien auf verschiedensten Plattformen. Die Rede ist vom strukturierten Texten.

Strukturiert texten, damit Inhalte mehrfach genutzt werden können
In jedem Unternehmen existieren Inhalte, die sehr ähnlich oder nahezu identisch sind. „Erbträger“ sind Print- und Online-Medien.

Nehmen wir an, Sie verantworten die Inhalte einer Produktinformation über einen Tintenstrahldrucker. Dieser wird in drei Varianten angeboten: Modell A1 Drucker, Modell A2 Drucker/Scanner und Modell A3 Drucker/Scanner/Fax.

Die bisherige Tonerkartusche XL Black T721 für 2.400 Seiten wird durch eine völlig neue Tonerkartuschen-Technologie ersetzt: die „XXL T722 Superblack“ Kartusche für 2.900 Seiten. Das hat für Sie zur Folge, dass Sie sämtliche Produktinformationen ändern müssen. Eine Aktualisierung aller bestehenden Dokumentationen bedeutet in diesem Beispiel für die Redaktionsmitarbeiter bis zu 60-fachen Aufwand!

3 Produktvarianten => Produkt A1, A2, A3
Aufwand × 3 = **3**

4 Datenformate => Print, PDF, HTML, App
Aufwand 3 × 4 = **12**

5 Sprachen => D, F, I, E, ES
Aufwand 3 × 4 × 5 = **60**

So gelingt es, mit nur einer einzigen Änderung alle Dokumente zu aktualisieren:

1. **Durch „Vererben“, also durch das Wiederverwenden von Inhalten.**
   Der Vorteil: Der Inhalt liegt nur einmal vor und kann an beliebigen Stellen wiederverwendet werden. Die Informationsberge von identischen oder nahezu ähnlichen Dokumenten schrumpfen enorm.

2. **Durch „Typisieren“ der Informationseinheiten.**
   Es gibt kleine und größere Einheiten, die sich zum Beispiel in Mailings oder Flyern wiederholen: Überschriften, Anreden, Einleitungen, Beschreibungen, Hinweise, Erläuterungen, Preisangaben, Kontaktdaten, technische Daten, Aufforderungen uvm.

3. **Durch Regeln für das Erstellen, Verteilen und Wiederverwenden von Informationseinheiten.**
   Dabei wird der Inhalt vom Layout getrennt. Verschiedene Medien werden als Ausgabeformat unterstützt.

Diese im Marketing und in der Kundenkommunikation neue Text-Architektur bringt dem Unternehmen und seinen Mitarbeitern Vorteile, erfordert aber auch ein Umdenken:

Inhalt und Format sind künftig getrennt.
Anstatt die Zeichen- und Layout-Formatierung jedes einzelnen Elements in einem Dokument anzugeben, wird nur der Zweck einer Informationseinheit festgelegt. So wird eine Hauptüberschrift zum Beispiel nicht mehr mit der Schriftart „Arial fett 24 pt." ausgezeichnet, sondern der Texter gibt nur noch an, dass es sich um eine Überschrift handelt.

Das verbindliche Layout wird dem Mitarbeiter bereitgestellt.
Das hat den Vorteil, dass alle Dokumente künftig aus einem Guss sind und ein „Eigenleben" durch Layout-Änderungen ausgeschlossen ist. Die Inhalte entsprechen einer vorgegebenen Struktur, an die sich interne wie externe Texter halten müssen.

Informationseinheiten lassen sich einfach wiederverwenden.
Mit einer bewährten Standard-Technologie, die unsichtbar im Hintergrund arbeitet, kann man wiederverwendbare Text-/Bildmodule erstellen. Übertragungsfehler durch Kopieren und Einfügen (copy and paste) sind künftig ausgeschlossen, da auf eine einzige Informationsquelle zugegriffen wird. Mehrere Dokumente lassen sich mit einer einzigen Änderung gleichzeitig aktualisieren.

Inhalte individueller und typgerecht personalisieren.
Mit Hilfe dieser Technologie lassen sich Text-/Bildmodule für verschiedene Zielgruppen individuell zusammenstellen. Textkomponenten können in mehreren Variationen, je nach Zielgruppe, erstellt werden. Somit werden automatisch unbegrenzte Variationen von Informationen erstellt – schneller und individueller denn je.

Weltweit verbreiteten Standard nutzen.
Viele Softwareunternehmen unterstützen diese Technologie. Zahlreiche Werkzeuge und Systeme stehen zur Auswahl. Autoren und Redaktionen können unabhängig von der bevorzugten Software

zusammenarbeiten, weil sie untereinander kompatibel sind (technische Details in Kapitel 4).

Bei technischen Dokumenten wie Gebrauchsanleitungen hat sich diese Schreibtechnik bewährt. Hier wurden im Wesentlichen drei Thementypen definiert:

Konzept z.B. eine Funktionsbeschreibung
Aufgabe z.B. Tonerwechsel
Referenz z.B. technische Daten

Da sich beliebig neue Thementypen erzeugen lassen, ist diese Technologie grundsätzlich auch für Marketing und Vertrieb und letztendlich für die Unternehmenskommunikation geeignet. In diesem Buch vereinen wir die Text-Architektur mit den CW-Zielen einer markenstarken und zielgruppengerechten Unternehmenssprache. Folgende Beobachtungen führten uns dazu:

- Flyer und Broschüren gibt es in allen Branchen, ob rund ums Auto, Wohnimmobilien, Logistik und Lagerung, Möbel, Software, Seminare, Versicherungen usw.
- Flyer und Broschüren haben meist Standardformate, wie zum Beispiel DIN A4 2-oder mehrseitig hoch oder quer, DIN C6 2-, 4- oder 6-seitig unterschiedlich gefalzt.
- Allgemein setzen sich Flyer oder Broschüren aus vielen ähnlichen Grafik-Segmenten und Textmodulen zusammen: Logo, Titelbild, Produkt- oder Leistungsbeschreibungen, technische Daten, Glossar, Kontaktadresse etc.
- Flyer, Mailings, Anzeigen, Webseiten etc. eines Unternehmens bestehen häufig aus vielen ähnlichen oder inhaltlich identischen Textmodulen.

So funktioniert strukturiertes Texten:
Wie anfangs beschrieben, besteht heute und in Zukunft das Hauptproblem der Unternehmenskommunikation darin, genau die richtigen Informationen mit dem passenden Medium dorthin zu liefern, wo der Kunde, Mitarbeiter, Geschäftspartner etc. diese gerade braucht.

Das bedeutet, dass Themen künftig in Portionen aufbereitet werden müssen, die nach Bedarf für unterschiedlichste Medien und Kanäle zusammengebaut werden. Die Inhalte sind so zu strukturieren, dass sie sich je nach Kundenwunsch und Art der Anfrage filtern lassen. Ferner sollte die Information so geliefert werden, dass sie unabhängig von der Hardware mit jedem Webbrowser genutzt oder bei Bedarf auch printgerecht ausgedruckt werden kann.

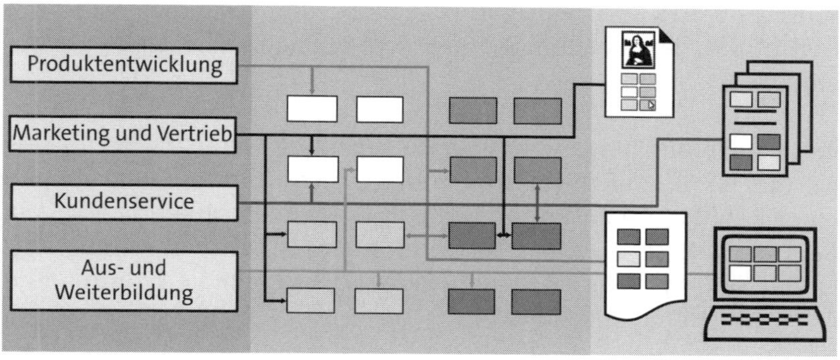

Abbildung 16: Wiederverwendbare Inhalte für unterschiedlichste Medien und Zielgruppen (Quelle: Förster & Förster)

Mitarbeiter oder externe Texter benötigen künftig Werkzeuge zum Erstellen strukturierter Inhalte:

- einen Editor zum Texten und
- eine Lösung, mit der Textmodule betitelt und benannt werden können.

Der Markt bietet Online-Editoren und -Lösungen für Microsoft Word an, die Autoren unterstützen, ohne dass sie sich mit der Komplexität der technischen Architektur befassen müssen.

Unser Anliegen in diesem Kapitel ist, dass Sie die Struktur-Logik kennenlernen, sich aber im Alltag damit nicht befassen müssen. Die Technik (siehe Kapitel 4) rückt hier bewusst in den Hintergrund, der praktische Nutzen in den Vordergrund.

Texte in kleine Portionen verfassen

Was die Schule lehrt: Zum ersten Schritt eines Aufsatzes gehört das Finden oder die Vorgabe eines Themas. In Stichworten befasst man sich zunächst mit den Wer-Wo-Wann-Was-Fragen. Daraus ergeben sich einzelne Aspekte, die man den drei Teilen *Einleitung*, *Hauptteil* und *Schluss* zuordnet. So entsteht eine klare Struktur und Gliederung.

Ähnliche Herausforderungen stellen sich beim strukturierten Texten – mit dem Unterschied, dass einzelne Teile unabhängig voneinander entstehen und von unterschiedlichen Textern erstellt werden können. Besonders wichtig sind hier der durchgängige Wortlaut, Stil und Schreibfluss, damit der Leser das stimmige Gefühl hat, dass der Inhalt von einem einzigen Verfasser „wie aus einem Guss" stammt.

Jedes einzelne Thema wird in einer separaten Datei abgelegt. Diese werden dann je nach Dokumentenart, Medium und Zielgruppe in einer Publikation zusammengefasst. Für jede Publikation wird ein Bauplan definiert, vergleichbar mit einem Inhaltsverzeichnis. Aus einem Bauplan können verschiedene Ausgabemedien (online und gedruckt) erstellt werden.

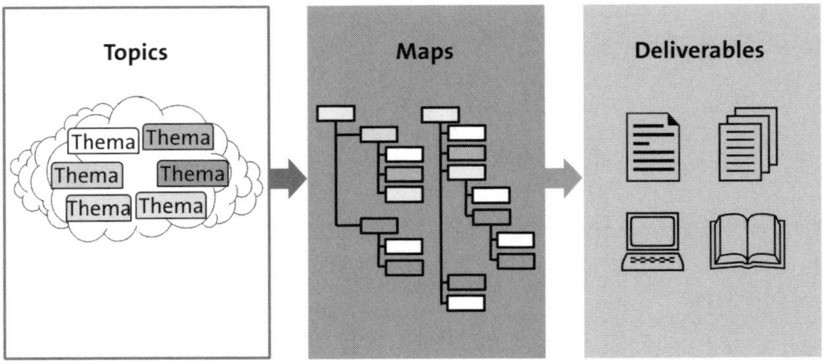

Abbildung 17: Themen, Baupläne und Ausgabemedien (Quelle: Förster & Förster)

Themen (Topics)

Jedes Thema, „Topic" genannt, umfasst einen Titel und einen Inhalt. Themen können unterschiedliche Funktionen haben: ein Prolog in Form einer These (Behauptung), Antithese (Gegenargument) oder Synthese (Zusammenführen der These mit Antithese), einen beschreibenden oder handlungsanleitenden Inhalt, Referenz-Informationen und vieles mehr (vgl. Anleitungen zum Stil/Inszenierungstechniken in: Förster, „Texten wie ein Profi", 2010, S. 66ff.).

Folgende Themen-Typen wurden als Standard definiert:

Titel (obligatorisch)	**title**
alternative Titel für Navigationsstrukturen oder Suchanwendungen	**titlealts**
Kurzbeschreibung	**shortdesk**
Prolog, z.B. zur Einführung in ein Thema	**prolog**
der eigentliche Inhalt	**body**
zum Thema verwandte Links	**related-links**

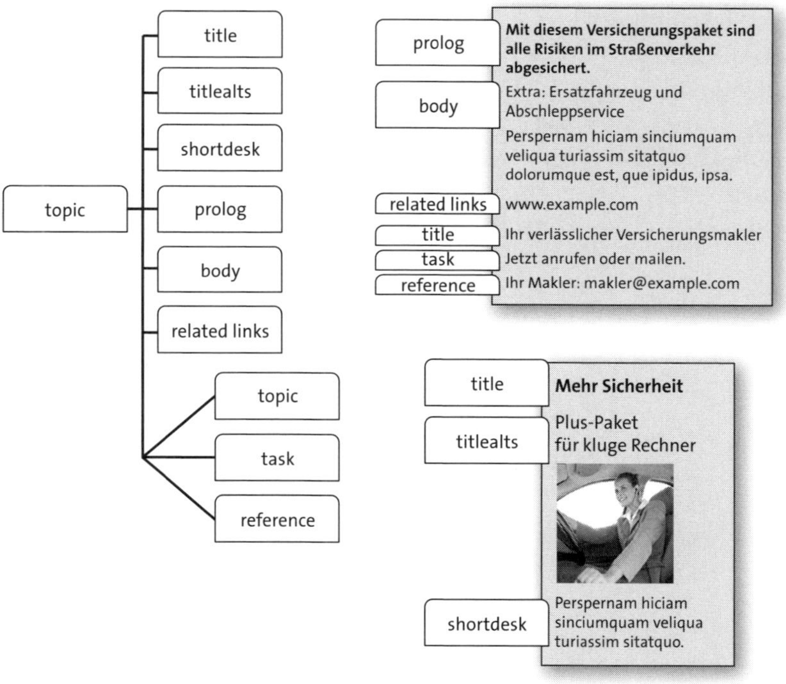

Abbildung 18: Die Struktur der Topic-Elemente und die praktische Anwendung, (Quelle: Förster & Förster)

Aus diesen „Ur"-Elementen wurden weitere Themen abgeleitet:

Informationen	
handlungsanleitende Information	**task**
beschreibende Information	**concept**
Referenz-Information	**reference**
Informationsobjekte bereitstellen (Absätze, Tabellen, Listen, Abbildungen etc.)	**conbody**
Handlungen	
Voraussetzungen für eine Handlung	**prereq**
Kontext-Beschreibung	**context**
sortierte Schritte	**steps**
unsortierte Schritte	**steps-unordered**
Angabe von Resultaten (z.B. eine Bedingung, die nach einer Handlung erfüllt sein muss: LED leuchtet grün)	**result**
Beispiel	**example**
Nachbearbeitung einer Handlung	**postreq**

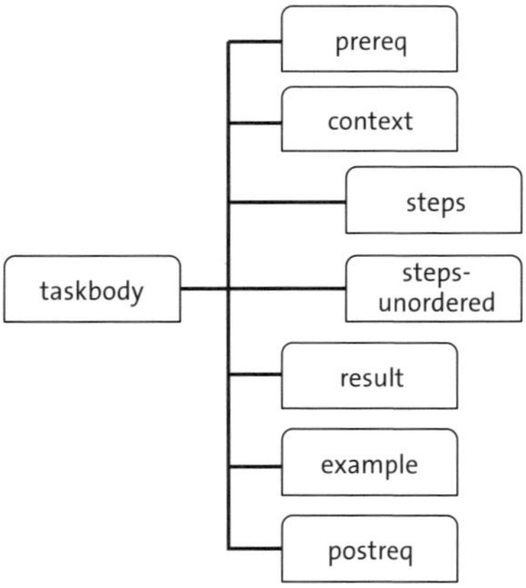

Abbildung 19: Beispiel einer Taskbody-Struktur (Quelle: Förster & Förster)

Die Topics unterschiedlichster Autoren verschiedenster Bereiche werden später nach Bedarf in einem Dokument zusammengefasst. Daher ist es wichtiger denn je, dass Unternehmen für durchgängigen Schreibstil, konsistente Schreibweise und einheitliche Terminologie sorgen. Mitarbeiter, die Texte verfassen, und externe Texter erhalten einen Redaktionsleitfaden, der sie bei dieser Arbeit unterstützt.

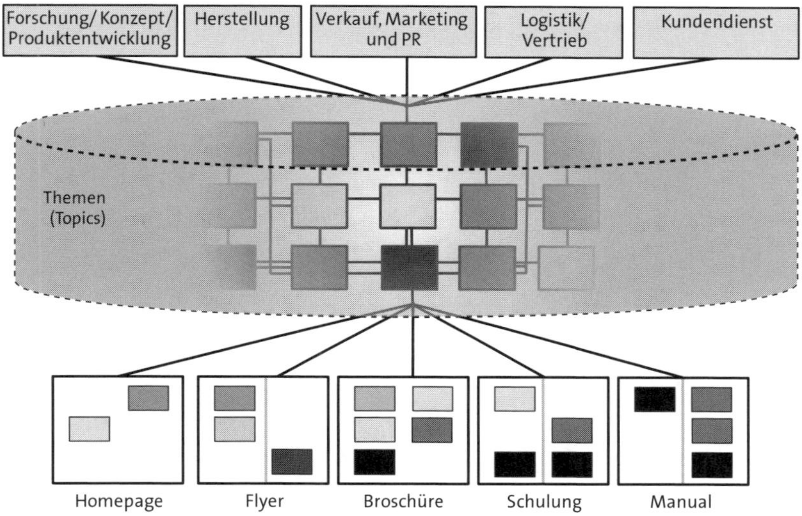

Abbildung 20: Das Zusammenspiel von Abteilungen, die alle zentral auf Topic-Elemente zugreifen und damit unterschiedlichste Medien erstellen (Quelle: Förster & Förster)

Jedes Thema kann für typologische Zielgruppen verschiedener Lebenswelten (siehe Kapitel 2 und 3) mehrfach „übersetzt“ und später zum Beispiel für zielgruppengesteuerten Live-Content genutzt werden. Dieser Ansatz hebt sich von bisherigen Lösungen für strukturiertes Texten von Anleitungen ab und entspricht den Zielen der „Customer Translation Strategie“, wie in dem Buch „Kundenkommunikation“ (Andreas Förster, 2014) erstmals publiziert.

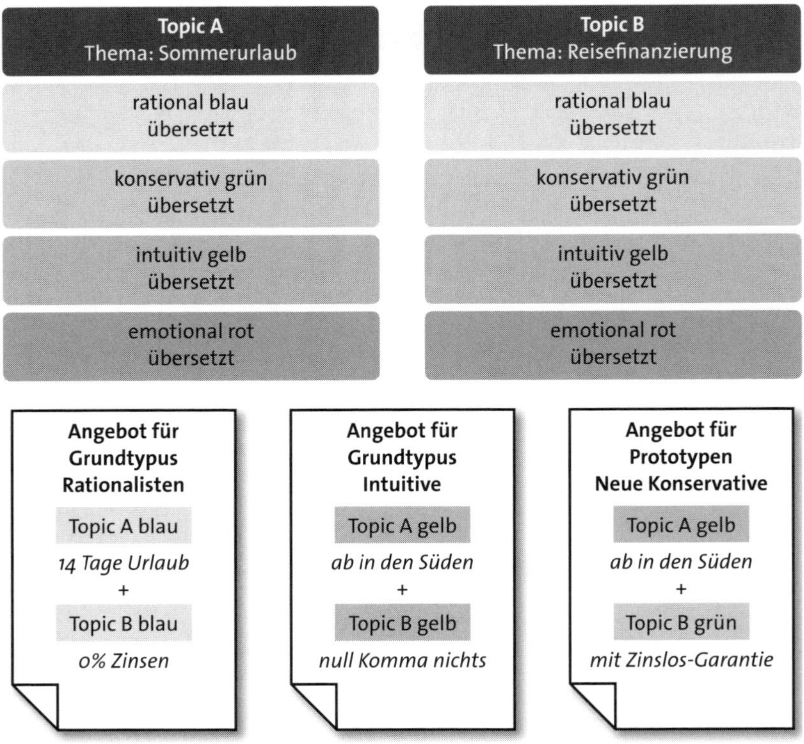

Abbildung 21: Topic-Elemente für unterschiedliche Zielgruppen und Prototypen (Quelle: Förster & Förster)

Baupläne (Maps)

Der Beruf des Texters wird sich zum „Textarchitekten" weiterentwickeln. Der Bedarf an Mitarbeitern, die entsprechend ausgebildet sind, wird steigen. Textarchitekten erstellen die „Baupläne" (Maps), für Dokumente, die mehrere Themen bzw. Topics zusammenfassen. Ein Bauplan beschreibt den Inhalt eines Dokuments und legt die hierarchische Zuordnung der Themen fest.

Am Ende fließen die Baupläne in Layout-Vorlagen, aus denen die Ausgangsmedien, die „Deliverables", erstellt werden (z.B. für Flyer, Vertriebsunterlagen, Vertragswerke, Präsentationen). In der Regel übernimmt der Designer oder Publisher diese Aufgabe. Er nutzt unter anderem folgende Werkzeuge:

- Mit einem Layoutprogramm erstellt er Vorlagen (Templates).
- Mit Hilfe eines Publisherprogramms veröffentlicht er das jeweilige Medium.

Je nach Zielgruppe können identische Baupläne mit Themen im gleichen Kontext erstellt, aber in unterschiedliche Sprachen übersetzt – landestypisch und/oder kundentypisch (mit Hilfe von Customer–Translation-Bauplänen) – werden. Mit der Kombination von zielgruppencodierten Themen und Bauplänen steht dem Marketing und Vertrieb erstmals ein Instrument für Zielgruppenkommunikation durch das grenzenlose Kombinieren, Gruppieren und Wiederverwenden kleinster Informationseinheiten bereit.

Damit nicht genug: Nehmen wir ein Thema wie „Private Zusatzversicherung". Je nach Bauplan wird sich ein Thema in einem Kundenbrief, in einem ergänzenden Flyer, in einer Vertriebsinformation und auf einer Webseite im Internet wiederfinden. Ein- und derselbe Inhalt wird also mehrfach in verschiedensten Medien genutzt. Durch den typologischen Code erhalten unterschiedliche Kundentypen oder Zielgruppen, die in verschiedenen Milieus oder Lebenswelten zu Hause sind, auf den ersten Blick den gleichen Kundenbrief und Flyer, jedoch mit jeweils auf die Zielgruppen fokussierten Informationseinheiten in Wort und Bild.

Der besondere Nutzen:

1. Unterschiedliche Baupläne verwenden ein- und dieselben Themen.
2. Aus einem Bauplan lassen sich verschiedenste Ausgabemedien für unterschiedlichste typologische Zielgruppen generieren.

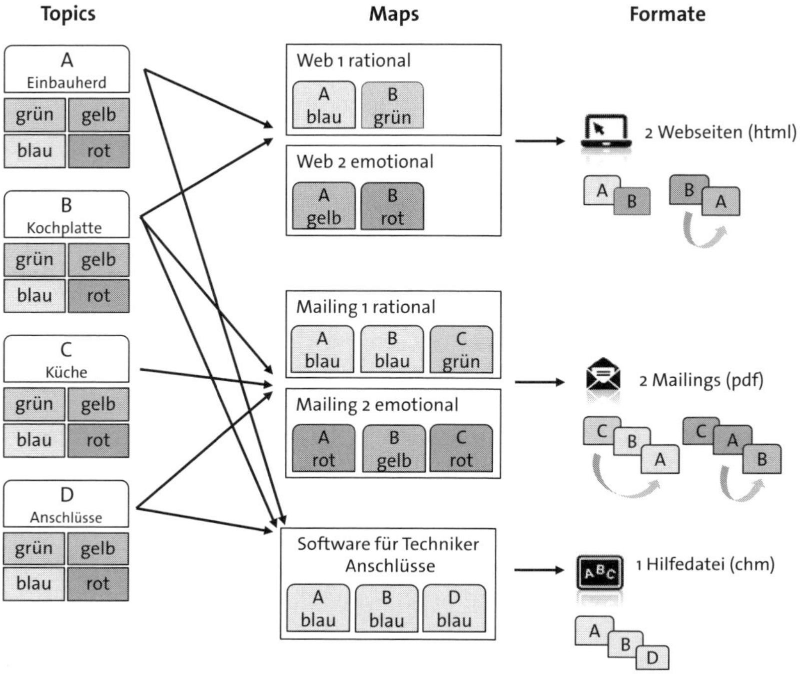

Abbildung 22: Aus typologischen Topics und Maps lassen sich typgerechte Medienformate generieren, deren Inhalte und Reihenfolge je nach Zielgruppentypus variieren können (Quelle: Förster & Förster)

3.2.3 Schnellkurs: Computergestütztes Texten

Stellen Sie sich vor, jeder Satz muss nur ein einziges Mal im Unternehmen geschrieben werden. Sobald ein Mitarbeiter einen Text optimieren oder neu erstellen will und bereits identische oder nahezu ähnliche Inhalte im Unternehmen existieren, weist der Computer darauf hin. Mit einem Klick kann der vorhandene Inhalt übernommen werden. So muss das Rad nicht zweimal erfunden werden. Mit einem „CW-Memory" ist das möglich.

Mitarbeiter bearbeiten oder schreiben künftig *Segmente* und nicht, wie sonst üblich, ganze Absätze. Meist entspricht ein Segment einem Satz, es kann aber auch aus wenigen Wörtern bestehen, z.B. eine kurze Überschrift. Diese Technologie bietet drei Hauptvorteile:

1. Kürzere Durchlaufzeiten und Kosteneinsparungen, da sich wiederholende Inhalte schneller „übersetzt" werden können.

2. Mehr Konsistenz und Qualität: Dank der Technologie können Sie sicherstellen, dass dieselben Formulierungen nicht unterschiedlich „übersetzt“ werden, was für die Leser verwirrend wäre.
3. Wiederverwenden der Segmente für verschiedenste Medien.

Um ein CW-Memory zu generieren, nutzen wir die CAT-Softwaretechnologie. CAT steht für computergestützte Übersetzung (Computer-Aided Translation) – nicht zu verwechseln mit maschineller Übersetzung. Den Nutzen dieser Autorenunterstützung für die Zielgruppe Übersetzer und Technische Redakteure haben wir im Jahr 2012 für Corporate Wording aufgegriffen und daraus Anwendungen für Textoptimierungen deutschsprachiger Texte abgeleitet. Die Idee: Das „Übersetzen" von allgemeinem Deutsch (Ausgangssprache) in CW-DEUTSCHplus® bzw. in die markante Sprache des jeweiligen Unternehmens (Zielsprache) für markenkonforme und zielgruppenrelevante schriftliche Kommunikation. „Übersetzen“ steht hier im Sinne des Übertragens von Texten nach Vorgaben eines CW-Manuals. Richtlinien für Terminologie und Schreibweisen, Empfehlungen für lesefreundliche Texte und Vorgaben für den markenkonformen Sprachklima-Mix lassen sich in die Anwendung als Prüfwerkzeug einbinden.

Die Vorteile:

- Vorher-/Nachher-Texte behält das CW-Memory. Es liefert dem Mitarbeiter schnell und zeitsparend bereits optimierte Vorschläge, sobald Texte mit ähnlichem Inhalt bearbeitet werden.
- Viele Dateiformate werden unterstützt, wie z.B. Microsoft Office (Word, PowerPoint, Excel etc.), InDesign, FrameMaker oder HTML.
- Markenidentität und Qualität werden durch standardisierten Wortlaut und Umsetzen einer markanten Unternehmenssprache gesteigert.
- Bereits erstellte Inhalte werden wiederverwendet, um nicht bei jeder Aktualisierung den gesamten Dokumentenbestand neu aufrollen zu müssen.
- Gesetzliche Vorgaben werden eingehalten, z.B. die Mehrsprachigkeit von Produktinformationen im Sinne der EU-Maschinenrichtlinie.
- Prozesse werden automatisiert, die Textproduktivität gesteigert und gleichzeitig die Kosten gesenkt.

Weltweit am meisten verbreitet ist das CAT-Programm „SDL Trados Studio". Es handelt sich um ein komplexes Tool, das mit dem Nachteil verbunden ist, dass ein hoher Schulungsaufwand erforderlich ist. Aus unserer Sicht wäre dies womöglich ein K.O.-Kriterium, wenn es um die Entscheidung der Einführung dieser Technologie im Bereich Kommunikation, PR, Marketing oder CRM ginge. Wir empfehlen daher über eine Schnittstelle Microsoft Word vorzuschalten und den Mitarbeitern nur die Funktionen bereitzustellen, die sie zur Textoptimierung im Rahmen von Corporate Wording tatsächlich benötigen. Dadurch reduziert sich der Schulungsaufwand fast auf null, weil Mitarbeiter in vertrauter Benutzerumgebung Texte optimieren. Dies ist mit einer HTML5-Cloud-Lösung möglich, zu der Mitarbeiter Zugang haben, ohne dass auf deren Rechner eine Software zu installieren ist.

In Word wird der zu bearbeitende Text in einer Side-by-Side-Ansicht angezeigt. Das heißt: Links steht der Ausgangstext, rechts erscheint der optimierte Zieltext (CW-DEUTSCHplus®). Oberhalb dieser beiden Fenster sieht der Anwender zwei weitere:

- Im ersten Fenster werden die Treffer aus dem CW-Memory angezeigt, wenn bereits übereinstimmende und bereits optimierte Texte vorliegen.
- Im zweiten Fenster werden Treffer aus der Termbank anzeigt, wenn Schreibweisen abweichen.

Jedes Segment des Ausgangstextes wird mit allen bestehenden Segmenten im CW-Memory verglichen. Findet das Programm ein ähnliches oder identisches Segment, wird die dazugehörige „Übersetzung" als Vorschlag angezeigt. Dieser Vergleich wird *Matching* genannt. Wenn der Anwender einen Vorschlag für ein identisches Segment erhält, sprechen wir von einem *100-Prozent-Match* oder einer exakten Übereinstimmung. Sobald die Trefferquote unter 100 Prozent liegt, wird der Treffer als *Fuzzy Match* bezeichnet.

Wiederholen sich Segmente innerhalb eines Dokumentes oder Projektes, sorgt die Funktion *AutoPropagate* dafür, dass die sich wiederholenden Inhalte automatisch aktualisiert werden, sobald der Anwender das erste identische Segment optimiert hat.

Beispiel 1
Kundenbrief einer Versicherung, Thema Vertragsaufhebung

Der Brief aus einer Word-Datei wird in Segmente aufgeteilt. Die Segmente sind in der Spalte links durchnummeriert. In der Spalte Quelltext sieht der Anwender die Textsegmente. Die Wellenlinie markiert Wörter, die von den Vorgaben des CW-Manuals abweichen. In der rechten Spalte erscheint der aus der Spalte Quelltext übernommene bzw. optimierte Zieltext. Nach Feigabe der optimierten Textsegmente werden diese im „CW-Memory" gespeichert. Nach dem Speichern fließen die Änderungen in das Word-Dokument ein.

Segment	Quelltext	Optimierter Text
1	Policen-Nr. 123456789	Versicherungs-Nr. 123456789
2	Guten Tag, Herr Mustermann,	Guten Tag, Herr Mustermann,
3	vor einigen Tagen haben Sie Ihre Kraftfahrzeugversicherung gekündigt.	vor einigen Tagen haben Sie Ihre Kraftfahrzeug-Versicherung gekündigt.
4	Gemäß der vertraglichen Bedingungen wird der Vertrag aufgehoben.	Wie gewünscht wird der Vertrag zum Jahresende aufgehoben.
5	Kennen Sie schon unseren „Service-Extraplus"?	Da wir Sie gern als Kunden behalten möchten: Kennen Sie schon unseren neuen „ServiceExtraplus"?
6	Beigefügt erhalten Sie eine Broschüre.	Mit diesem Brief erhalten Sie lesenswerte Informationen. Es wäre schön, wenn Sie diesen Service künftig nutzen und Sie uns als Kunde treu bleiben.
7	Mit freundlichen Grüßen	Freundliche Grüße
8	ABC Versicherungs-AG	Ihre ABC Versicherungs-AG

Beispiel 2:
Allgemeine Rechtsschutz-Versicherungsbedingungen (ARB) für zwei verschiedene Versicherungspakete mit fast identischen Bedingungen

Quelltext:
Die Terminologie-Prüfung erkennt Abweichungen von CW-Standards (Wellenlinie).

ARB Version A: Privatrechtsschutz für Selbstständige

Beratungsrechtsschutz bei beantragtem Insolvenzverfahren des Arbeitgebers für versicherte Personen in ihrer Eigenschaft als Arbeitnehmer (§2r)

Die Kostenübernahme ist insoweit auf 500 Euro je Rechtsschutzfall begrenzt.

Eine vereinbarte Selbstbeteiligung wird nicht in Abzug gebracht;

a) Der Arbeits-Rechtsschutz gemäß §2b kann gemeinsam mit dem Beratungs-Rechtsschutz bei beantragtem Insolvenzverfahren des Arbeitgebers gemäß §2r ausgeschlossen werden.

b) Der Versicherungsschutz kann auf die Leistungsart Telefon-Rechtsberatung gemäß §20 ARB ausgedehnt werden.

Nach der Textoptimierung werden diese fünf Textsegmente im CW-Memory gespeichert:

1 Beratungs-Rechtsschutz bei beantragtem Insolvenzverfahren des Arbeitgebers für versicherte Arbeitnehmer (§2r ARB)

2 Wir übernehmen pro Jahr bis zu 1.500 Euro Kosten.

3 Eine Selbstbeteiligung entfällt.

4 a) Der Arbeits-Rechtsschutz nach §2b kann gemeinsam mit dem Beratungs-Rechtsschutz des Arbeitgebers ausgeschlossen werden (§2r).

5 b) Der Versicherungsschutz kann um Telefon-Rechtsberatung erweitert werden (§20).

Ruft der Texter nun den zweiten ARB-Text mit nahezu ähnlichen Quelltext-Inhalten wie aus dem Beispiel A auf, kann er die optimierten Textsegmente aus dem CW-Memory direkt übernehmen (Texte, zu denen es bereits optimierte Inhalte gibt, sind hier weiß markiert).

ARB Version B: Privat- und Berufsrechtsschutz für private Haushalte

Beratungs-Rechtsschutz bei beantragtem Insolvenzverfahren des Arbeitgebers für versicherte Personen in ihrer Eigenschaft als Arbeitnehmer (§2r)

Die Kostenübernahme ist insoweit auf 500 Euro je Rechtsschutzfall begrenzt.

Eine vereinbarte Selbstbeteiligung wird nicht in Abzug gebracht;

a) Der Arbeitsrechtsschutz gemäß §2b) einschließlich des Beratungsrechtsschutzes bei beantragtem Insolvenzverfahren des Arbeitgebers gemäß §2r) kann ausgeschlossen werden.

b) Der Versicherungsschutz kann auf die Leistungsart Telefon-Rechtsberatung gemäß §20) ARB ausgedehnt werden.

Nachher:

1	**Beratungs-Rechtsschutz bei beantragtem Insolvenzverfahren des Arbeitgebers für versicherte Arbeitnehmer (§2r ARB)**
2	Wir übernehmen pro Rechtsschutzfall bis zu 500 Euro Kosten.
3	Eine Selbstbeteiligung entfällt.
4	a) Der Arbeits-Rechtsschutz nach §2b kann gemeinsam mit dem Beratungs-Rechtsschutz ausgeschlossen werden (§2r).
5	b) Der Versicherungsschutz kann um Telefon-Rechtsberatung erweitert werden (§20).

Professionelles und effizientes Übersetzen in Fremdsprachen erfordert lesefreundliche Sätze, konsistente, eindeutige und leicht verständliche Vokabeln sowie ein ausgewogenes Sprachklima. Damit die Quelltexte diese Anforderungen erfüllen, empfiehlt es sich, mit Hilfe der vorgestellten Word Add-ins folgende Qualitäts-Checks durchzuführen:

- Kurze Wörter? Kurze Sätze?
- Aktive Verben?
- Floskelfreie Inhalte?
- Korrekte Terminologie?
- Durchgängige Schreibvarianten?
- Durchgängige D-A-CH-Variantenwörter?
- Treffendere Synonyme (z.B. Antwort statt Rückäußerung)?
- Vermeidbare Homographen (mehrdeutige Wörter mo|dern/mo|dẹrn)?

Das CW-Memory, realisiert mit CAT, schafft in der Unternehmenskommunikation vier Vorteile:

1. Deutschsprachige Quelltexte erhalten den letzten Schliff.
2. Übersetzungen in viele Sprachen sind hoch kompatibel.
3. Übersetzungskosten in Fremdsprachen können eingespart werden, weil sich aufgrund der besseren Ausgangstexte der Aufwand reduziert.
4. Aktualisierungen – ob in Deutsch oder in Fremdsprachen – werden zentral im CW-Memory erfasst. Das erspart enorm viel Zeit, da künftig nicht alle Dokumente einzeln geändert werden müssen.

4 DAS CW-ENGINEERING

Das Kapitel für Profis, die in den Schaltzentralen von Marketing und Kommunikation kunden- und markenstarke Informationen crossmedial verteilen.

Der Begriff *CW-Engineering* wurde von uns geprägt und erstmals im Sommersemester 2013 an der OTH, Oberbayerische Technische Hochschule Amberg-Weiden, im Studiengang Medientechnik und Mediengestaltung gelehrt. Die wesentlichen Lehrinhalte:

- Schreibprozesse vereinfachen,
- Textqualität nach CW-Vorgaben erhöhen,
- konsistente Terminologie gewähren,
- bereits erstellte und optimierte Inhalte wiederverwenden,
- zeitraubende Korrektur-/Prüfprozesse straffen,
- Mehrsprachigkeit von Produktinformationen vereinfachen,
- Kosten senken durch effizientere Kundenkommunikation.

4.1 Individualisieren durch standardisieren

Kein Widerspruch: Aus der spezifischen Massenfertigung der Automobilindustrie (Mass Customization) wissen wir, wie in standardisierten Produktionsvorgängen ein Auto an die Bedürfnisse des einzelnen Kunden angepasst wird. Auch für Müslis, Parfüms, Glückskekse oder Anzüge existieren solche Lösungen, wie zum Beispiel von MyMuesli, Chocri oder YouTailor. Zu diesen Anbietern zählt Kai Schmidhuber, Gründer und Gesellschafter von www.wunschkeks.de, der im Jahr 2004 seine Freundin mit einer einzigartigen Liebesbotschaft überraschen wollte. Mit Hilfe eines selbstgebackenen Glückskekses und der darin versteckten Nachricht ist ihm dies gelungen. Aus der anfänglichen Hobby-Bäckerei entwickelte sich eine Geschäftsidee. Besonders Firmen und Agenturen nutzen das Angebot der individuellen Glückskekse. Die beiden Jungunternehmer aus Baden-Württemberg, Patrick Thomas und Clemens Nawroth, berichten auf ihrer Internetseite www.indiveedle.de regelmäßig über Neuerungen aus der Branche der „individuellen Produkte", die mit Hilfe von Standardprozessen dennoch in Massen gefertigt werden.

Je mehr die Gesellschaft das Besondere, Eigentümliche hervorhebt, desto höher ist die Individualisierung im wirtschaftlichen Bereich. Der Kunde als Individuum will seine Einzigartigkeit mit individuellen Produkten und Interessen betonen und sich dadurch vom Mainstream und von anderen abheben. So mutierte das Massenprodukt Automobil zum Serienfahrzeug, das sich – auf den ersten Blick – ganz nach persönlichen Vorstellungen und Wünschen individualisieren lässt. Erst auf den zweiten Blick wird klar, dass es hier um die Massenfertigung unterschiedlicher Module geht, die durch unzählige Kombinationen in der Zusammensetzung schon fast zum Unikum werden. Dem Kunden bietet man eine Speisekarte an, aus der er nach Belieben auswählen kann. Ein individuelles Fahrzeug zusammenstellen heißt zum Beispiel für das CLS-Modell von Mercedes-Benz:

Diesel oder Benziner?

- Wenn Benziner:
  225, 300 oder 300 4MATIC jeweils mit 7G-TRONIC oder 410 KW mit/ohne Allrad und AMG SPEEDSHIFT MCT oder dto. mit 430 KW 4MATIC AMG SPEEDSHIFT MCT

- Wenn Diesel:
  150, 195, 185, 195 oder 185 KW?

Sport-Paket AMG, Sport-Paket Exterieur, Business-Paket usw.?

Farbe schwarz ohne Aufpreis oder eine aus elf Farben gegen Aufpreis?

Räder: Speichendesign ohne Aufpreis oder in 15 Design-Varianten gegen Aufpreis?

usw.

Doch Vorsicht: Die Auswahl ergibt zwar unzählige Kombinationen, aber innerhalb eines begrenzten Menüs (nur das, was auf der „Speisekarte“ angeboten wird). Wollte der Kunde einen 3 KW Motor mit 7-Gang-Sportgetriebe, Fahrassistenz-Paket, aber ohne automatische Kindersitzerkennung, Metallic in Grün, dazu Polster im sonnengelben Leder, Zierelemente in Birke, Blaupunkt Autoradio – so wäre das für die standardisierte Auswahl für Massenproduktion nicht möglich.

Mit dem Traum vom maßgeschneiderten Auto befasst sich der Weltmarktführer der Automatisierungstechnik, Siemens, schon seit geraumer Zeit. Man weiß, dass der Autokäufer sein Wunschfahrzeug heute aussuchen und schon morgen fahren möchte. Und kurz vor der Schlüsselübergabe möchte dieser am liebsten noch die Ausstattungen ändern. Gemeinsam mit VW demonstrierte Siemens schon im Jahr 2008 auf der Industriemesse Hannover auf einer Strecke von 160 Metern, wie Industry Automation (IA) und Drive Technologies funktionieren. Die Idee: Alle Daten des Produktlebenszyklus originalgetreu virtuell abbilden, damit man Änderungen der Produkte und Fertigungsprozesse bis in die Produktion hinein besser und schneller umsetzen kann. Diese Technologie lässt sich auf andere Branchen übertragen. So wird der Kunde eines Tages seinen Anzug im Kaufhaus am Computer selbst zusammenstellen können: Die Körpermaße werden eingescannt, Stoffe, Knöpfe, Hose mit oder ohne Bund – Haute Couture nach Mass Customization.

Vorläufer strukturierten Textens

Ob Normen für die Herstellung von Schienenfahrzeugen, Schrauben, Computer-Schnittstellen oder Papier im DIN-Format –

hinter all dem stehen gemeinsame unternehmerische Ziele: geteilte Arbeitsprozesse, gleichbleibend hohe Qualität, kurze Produktionszeiten, internationale Kompatibilität und vieles mehr. Die Normierung von Informationen steht am Beginn ihrer Entwicklung und beschränkte sich bisher auf technische Dokumentationen, in dem Funktionsdenken dominiert.

Im Bereich der technischen Dokumente haben sich drei Strukturierungsmethoden durchgesetzt: *Informationsdesign, Information Mapping®* (kurz *IMAP*) und *Funktionsdesign®*. Alle drei Methoden helfen, technische Informationen nach verschiedenen Klassen zu strukturieren.

- Informationsdesign
  ist eine Strukturierungsmethode, die das Ziel der verständlichen und zielgruppengerechten Information hat, die der Empfänger effektiv und effizient nutzen kann. Der Ansatz berührt Informatik, Psychologie sowie Design.

- Information Mapping®, IMAP
  Ausgangspunkt ist das Strukturieren aller Informationen, insbesondere Schulungsunterlagen, in denen das Verarbeiten der Informationen im menschlichen Gehirn berücksichtigt wurde. Bei der Mapping-Technik wurden Kognitions-, Medien- und Lernpsychologie unter einen Hut gebracht. Auch hier ist die Idee, Informationen in kleine Portionen aufzuteilen, die aufgrund ihrer Größe, Art und Struktur leicht wahrgenommen werden können.

- Funktionsdesign®
  Bei dieser Methode geht es um das Standardisieren, Strukturieren und Vereinfachen technischer Dokumente. Komplexe Handbücher werden verständlicher, Dokumentationsprozesse effizienter und Schreibprozesse sowie Übersetzungen vereinfacht. Ausgangspunkt ist die Sprechtakttheorie und Kommunikationsanalyse (Kommunikation als regelgeleitete, sprachliche Handlung).

All diese Architektur-Methoden hatten bislang technische Dokumente im Fokus und nicht das Marketing. Dazu fehlte es an standardisierten Vorgaben für Stilrichtungen und definierten Informationstypen. Ebenso sind dafür Regelwerke nötig, die dem Texter

Auskunft darüber geben, welche Stilmittel und welche Wortwahl für unterschiedliche Lesertypen sinnvoll sind.

In den nächsten vier Abschnitten beschreiben wir, wie man CW-Engineering in vier Stufen realisieren kann:

1. Terminologie managen
2. Microsoft Word effizienter nutzen
3. Strukturierte Inhalte verwenden
4. Dynamische Kommunikation realisieren

4.2 Kommunikation in vier Stufen industrialisieren

Niemand kann Corporate Wording Engineering „über Nacht" umsetzen. Ein guter Einstieg ist die Terminologie im erweiterten Sinn rund um Fachbegriffe, besondere firmentypische Schreibweisen und das Erfassen der bevorzugten, Image prägenden Wortwahl.

4.2.1 Stufe 1: Terminologie managen

Wie in Kapitel 1 beschrieben, werden in jeder Organisation spezielle Termini verwendet die geläufig sind, und solche, die in keinem Standard-Wörterbuch zu finden sind. Beispiel: Beim Microsoft Internet Explorer wird der Terminus *Favoriten* verwendet. Bei anderen Webbrowsern wird dasselbe Feature als *Lesezeichen* bezeichnet. Für eine Organisation ist es wichtig, die richtigen Termini in allen Kommunikationsformen korrekt zu verwenden. Konsistenz in der Terminologie ist – neben dem Sprachstil – ein wichtiger imageprägender Faktor. Der korrekte Wortlaut garantiert produktive, verständliche Inhalte.

85 Prozent der Mitarbeiter verwenden eine andere Benennung als Kollegen in anderen Abteilungen, obwohl sie von ein und derselben Sache sprechen, so die Tekom-Studie „Successful terminology management in companies", Stuttgart, 2010.

Software für Terminologie-Management dient dazu, Fachterminologie strukturiert zu erfassen und bei Bedarf mit weiteren Informationen (Metadaten) zu versehen. Der Echtzeitzugriff auf Terminologie verschafft Unternehmen große Vorteile. Was vielfach verkannt wird: Terminologie ist ein kritischer Bestandteil eines *jeden* Dokuments, das im Unternehmen entsteht. Terminologie muss daher allen Firmenautoren zugänglich sein. Nur so kann die Konsistenz in der Kommunikation und der damit verbundenen Markenbildung gewährleistet werden.

Zur optimalen Terminologie-Verwaltung gehören in der Regel mehrere Benutzer an unterschiedlichen Standorten, die zeitgleich mit einem zentral verwalteten Datenbestand arbeiten. Dadurch ist gewährleistet, dass keiner mit veralteten Begriffen Texte erstellt. Allen Technikern, Linguisten, Übersetzern, Firmenautoren und Mitarbeitern aus dem Marketing kommt derselbe Informationsstand zugute. Damit teilen sie sich auch alle dasselbe Wissen. Auf einem Server zentralisierte Termdaten bieten zwei entscheidende Vorzüge:

1. Jeder Benutzer greift immer auf die aktuellsten Daten zu. So wird ausgeschlossen, dass jemand veraltete Daten benutzt.
2. Es ist nicht mehr nötig, in zeitraubender Manier immer wieder die neueste Glossarversion allen Mitarbeitern bereitzustellen.

Die bestehende Terminologie muss allen Mitarbeitern, die Texte gleich welcher Art erstellen, zur Verfügung stehen, damit sie konsistent verwendet werden kann. Den meisten Mitarbeitern stehen in Unternehmen – wenn überhaupt – lediglich Wortlisten, Excel-Dateien oder Glossartabellen zum Nachschlagen bereit. Die Folge:

- Prozesse verzögern sich,
- Markteinführungen verspäten sich,
- bei interner/externer Kommunikation entstehen Probleme,
- Missverständnisse/Fehlhandlungen sind programmiert,
- Mitarbeiter und Kunden sind unzufrieden.

Ein innovatives, nachhaltig wirkendes Terminologie-Verwaltungssystem erfüllt im Idealfall drei wichtige Funktionen:

1. Verwaltung mehrerer Sprachen,
2. skalierbar für eine verteilte Unternehmensstruktur,
3. integrierbar in globale Workflows.

Termbanken für Sonderfälle der Rechtschreibung

Die Regeln des amtlichen Regelwerks zur deutschen Rechtschreibung und die der führenden Wörterbuchverlage sind weder eindeutig noch identisch. Auch die deutschsprachigen Nachrichtenagenturen geben abweichende Empfehlungen heraus. Wir folgen überwiegend der Duden-Redaktion, die fließende Zusammensetzungen von Nomen bevorzugt. Bei unübersichtlichen Zusammensetzungen präferieren wir entgegen des Dudens die lesefreundlichere Schreibweise mit Bindestrich.

Um individuelle auf ein Unternehmen zugeschnittene Regeln für Schreibweisen erstellen zu können, hat es sich bewährt, eine Textanalyse durchzuführen. Wir nehmen dazu eine größere Anzahl Dokumente als Stichprobe und fassen diese in einer Datei zusammen (Textkorpus-Datei). Mit Hilfe unserer CW-Software generieren wir zwei Wörterlisten: eine nach dem Alphabet und eine nach der Häufigkeit sortiert. Mit Hilfe dieser Listen werden Abweichungen innerhalb eines Unternehmens schnell offensichtlich.

Beispiele:

Ausschusssitzung, Ausschuss-Sitzung
Bestellliste, Bestell-Liste
Exposee, Exposé
3-Tonner, Dreitonner
Layout, Lay-out
Demographie, Demografie

Ebenso werden Abweichungen in der Terminologie bzw. widersprüchliche Benennungen von Produkten und Leistungen entlarvt. So haben wir bei einem Automobilzulieferer sechs verschiedene Bezeichnungen für ein und dasselbe Produkt ermittelt:

Bordnetz, Bordelektrik, Bordstromnetz, Fahrzeugbordnetz, Fahrzeugelektrik, Kraftfahrzeugelektrik

Oder für ein Hotel Inkonsistenz in den Bezeichnungen von Suiten und Saisonzeiten eruiert:

Familien-Luxussuite
Familiensuite „Kindertraum"
Luxus-Suite „Seeblick"
Frühlingspauschale
Sommer-Offerte
Herbstzeit-Offerte
Winter-Pauschale

Aus dem Ergebnis solcher Textanalysen ergeben sich Empfehlungen und Regeln, die in einem CW-Manual erfasst werden.

Ein weiteres Problem ist, dass Rechtschreib-Prüfprogramme häufige Tippfehler nicht erkennen: allerding (allerdings), Bespiel (Beispiel), gesteift (gestreift), Jungend (Jugend), kurzeitig (kurzzeitig), Markplatz (Marktplatz), Mittglied (Mitglied) usw. Hier helfen ergänzende Terminologie-Prüftools, die den Mitarbeiter unterstützen (siehe z.B. Word Add-in, Kapitel 3).

Allein am Beispiel der Getrennt- und Zusammenschreibung zeigen wir, wie umfangreich und individuell der Regelungsbedarf sein kann:

Getrenntschreibung

- zum Hervorheben einzelner Bestandteile, Produkte, Produktdetails oder einer Wortmarke (Daimler-Welt, Daimlerwelt)
- in unübersichtlichen oder mehrteiligen Zusammensetzungen und komplexen Wortgruppen (Fahrzeuginnenraumausstattung, Fahrzeuginnenraum-Ausstattung)
- bei fremdsprachigen Fügungen, wenn der erste Teil ein Fremdwort ist (Smartphone-Zubehör, Smartphonezubehör)
- wenn Missverständnisse entstehen könnten (z.B. Druck-Erzeugnis/Drucker-Zeugnis)
- beim Wiederholen von Wortteilen, wenn mehrere Wörter zusammengefasst werden (z.B. Kunststoff-/Metallproduktion oder Kunststoff-/Metall-Produktion)
- wenn Wörter mehr als 24 Buchstaben umfassen (z.B. Müllverbrennungs-Heizkraftwerkanlagen)
- wenn bei Zusammensetzungen drei gleiche Buchstaben aufeinandertreffen (z.B. Fußball-Länderspiel)
- bei Zusammensetzungen mit Buchstaben, Ziffern oder Abkürzungen (z.B. ABC-Analyse, 60-jährig; Ausnahme: bei nachgestellten Silben wie 68er)

Zusammenschreibung

- bei einfachen Wortgruppen aus Substantiven
- bei Wörtern mit Fugen-s

Ein Regelwerk mit Beispielen hat aber nur dann einen wirksamen Nutzen, wenn sichergestellt ist, dass alle Mitarbeiter dies auch nutzen und umsetzen. Für gewöhnlich sind sie anfangs davon begeistert, doch landet es schnell in der Schublade, weil manuelles Nachschlagen in Regeln und Beispiel-Wörterlisten viel zu zeitaufwändig und auf Dauer müßig ist.

Wir empfehlen daher zusätzlich ein CW-Manual fürs Intranet, wo Mitarbeiter schneller fündig werden (siehe Abschnitt 1.5.6).

Termbanken für CW-DEUTSCHplus®
Termbanken dienen meist dazu, organisationsspezifische Termini und deren Übersetzungen zu speichern und zu verwalten. Wir empfehlen, diese auch für das Erfassen von Floskeln, Anglizismen, Helvetismen etc. zu nutzen und durch lesefreundliche und markante Synonyme zu ergänzen. Auch Allerweltsformulierungen wie *„In der Anlage sende ich Ihnen …“* lassen sich damit erfassen, ergänzt um Alternativen (z.B. *„mit diesem Brief erhalten Sie …“*), welche die lesefreundliche Unternehmenssprache prägt.

Folgende CW-Datenbanken können wir in unterschiedlichen Datenformaten für Unternehmen individuell aufbereiten:

- Stilprüfung
  „übersetzt“ Floskeln, Phrasen und Amtsdeutsch in eine markante Unternehmenssprache.

- Synonyme
  damit Mitarbeiter schnell das treffendere Wort zur Hand haben.

- Anglizismen
  eine Art Filter schützt vor unnötigen Anhäufungen und liefert deutsche Alternativen.

- Variantenwörter
  „übersetzen“ Wörter aus der Schweizer oder österreichischen Standardsprache in deutsche Standardsprache.

- Helvetismen/Austriazismen
  „übersetzen“ Wörter aus der deutschen Standardsprache in Schweizer oder österreichische Standardsprache.

Beim Optimieren von Texten von allgemeinem Deutsch auf Unternehmenssprache ist es wichtig, die standardisierten Fachbegriffe und Schreibweisen konsistent zu verwenden. Beispiel einer Versicherung: *Schadensfall.* Der Duden empfiehlt die Schreibweise mit „s“ – dennoch forciert das Unternehmen die Ausnahme. Es soll Schadenfall heißen. Die Service-Hotline soll wie folgt bezeichnet werden: *24-Stunden-ServiceLine.* In der Korrespondenz bevorzugt das Unternehmen die Ansprache *Guten Tag* statt *Sehr geehrte/er.* All dies lässt sich grundsätzlich in Termbanken erfassen und zentral verwalten.

Termbanken für die 4-Farben-Sprache nutzen
Nützlich ist dieser Strukturansatz auch zum Erstellen eines firmeninternen Synonym-Wörterbuchs nach der 4-Farben-Sprachmethode. Hier am Beispiel des inflationär gebrauchten Adjektivs „interessant“:

CW-Blau für Rationalisten
anschaulich, aufklärend, aufschlussreich, bedeutsam, bedeutungsvoll, bewegend, beweglich, demonstrativ, deutlich, einnehmend, eintönig, einträglich, entscheidend, ereignisreich, erfrischend, flüssig, geistreich, gewinnend, informativ, instruktiv, kernig, lehrreich, leistungsfähig, leistungsstark, lohnend, lukrativ, maßgebend, maßgeblich, motorisiert, nützlich, plastisch, profitabel, reich, relevant, rentabel, schlagkräftig, schnell, sportlich, stark, suggestiv, verkaufsfördernd, verstärkend, werbewirksam, wesentlich, zügig, zugkräftig

CW-Grün für Konservative
anmutig, aufgezogen, ausschlaggebend, belehrend, berückend, deliziös, einladend, ergötzend, ersprießlich, erstrebenswert, gefragt, gemischt, gewachsen, gewandt, langweilig, mannigfaltig, schmuck, sehenswürdig, signifikant, veraltend, veraltet, versprechend, vielgestaltig, wieselflink, wissenswert

CW-Gelb für Intuitive
abenteuerlich, abwechslungsreich, agil, aufgedreht, aufgeweckt, aufmunternd, ausdrucksvoll, aussehend, aussichtsreich, aussichtsvoll, belebend, belustigend, bildend, bildhaft, bildhübsch, bildlich, bunt, einfallsreich, erheiternd, erhellend, erlebnisreich, faszinierend, fesselnd, fetzig, fix, flink, flott, geschickt, heiter, hinreißend, humoristisch, ideenreich, inspirierend, knackig, knallig, kunterbunt, kurzweilig, lebendig, lebhaft, leichtfüßig, lustig, munter, poppig, rasant, rege, schlagfertig, schwungvoll, sehenswert, spannungsreich, spannungsvoll, spaßig, spritzig, sprühend, temperamentvoll, toll, umwerfend, unterhaltsam, vergnüglich, vergnügt, vielfältig, vielseitig, vielversprechend, wendig, wirkungsvoll, witzig, zerstreuend, zukunftsträchtig

CW-Rot für Emotionale
amüsant, angenehm, animierend, animiert, anregend, ansprechend, anziehend, appetitlich, atemberaubend, attraktiv, aufregend, aufreizend, begehrenswert, begehrt, betörend, bewegt, bezaubernd, charmant, delikat, dramatisch, emotional, erotisch, erquickend, erquicklich, erregend, fein, fesch, gesellig, gluschtig, gut, herzerfrischend, herzerquickend, hoffnungsvoll, hübsch, köstlich, Kunst, labend, lecker, liebenswert, lockend, mitreißend,

packend, pikant, prickelnd, reizend, reizvoll, schnuckelig, schön, sexy, spannend, spannungsgeladen, stimulierend, sympathisch, unterhaltend, unwiderstehlich, verführerisch, verlockend, vitalisierend, wichtig, wohltuend, wunderschön, wünschenswert, zauberhaft

Alternativ kann die Erfassung von Synonymen wie in einem klassischen Wörterbuch erfolgen. Die hierarchische Struktur garantiert eine eindeutige und flexible Kontrolle aller Synonyme. Auf diese Weise bildet jedes Synonym einen eigenständigen Terminus, besitzt seine eigenen Subfelder und weist deshalb sämtliche, für diesen Terminus relevanten Informationen auf. Jeder Terminus kann mit Kontext-Beispielen, Hinweisen zur Bedeutung und Angaben zum Geschlecht veranschaulicht werden.

Beispiel: Synonyme für das Adjektiv „interessant“:

interessant

1. *abenteuerlich* (CW-Gelb), *abwechslungsreich* (CW-Gelb), *anregend* (CW-Rot), *ansprechend* (CW-Rot), *attraktiv* (CW-Rot), *aufregend* (CW-Rot), *bewegend* (CW-Blau), *ereignisreich* (CW-Blau), *erlebnisreich* (CW-Gelb), *erregend* (CW-Rot), *faszinierend* (CW-Gelb), *fesselnd* (CW-Gelb), *mitreißend* (CW-Rot), *packend* (CW-Rot), *reizvoll* (CW-Rot), *spannend* (CW-Rot), *spannungsreich* (CW-Rot), *spannungsvoll* (CW-Rot), *unterhaltsam* (CW-Gelb);
   (bildungssprachlich): *beflügelnd* (CW-Gelb), *inspirierend* (CW-Gelb).

2. *aufschlussreich* (CW-Blau), *bedeutsam* (CW-Blau), *informativ* (CW-Blau), *lehrreich* (CW-Blau), *wichtig* (CW-Rot), *wissenswert* (CW-Grün);
   (bildungssprachlich): *relevant* (CW-Blau).

3. *einträglich* (CW-Blau), *Erfolg versprechend* (CW-Blau), *erstrebenswert* (CW-Grün), *lohnend* (CW-Blau), *profitabel* (CW-Blau), *rentabel* (CW-Blau);
   (gehoben): *verlockend;*
   (bildungssprachlich): *lukrativ* (CW-Blau).

(Quelle: Auszug aus „Duden – Das Synonymwörterbuch“, 5. Aufl. Mannheim 2010 [CD-ROM])

Zusätzlich zum Farbcode lassen sich Abbildungen, beschreibende Typen-Informationen oder Satzbeispiele, häufige linke und rechte Wortnachbarn, Zitate etc. beliebig ergänzen.

Der begriffsorientierte Ansatz

Durch Synonyme zeigt sich Unternehmenssprache einerseits vielfältig, kann aber durch Homographen zu Missverständnissen führen. Die Rede ist von Wörtern mit zwei oder mehr Bedeutungen. Beim Wort „Bank" kann es sich um ein Geldinstitut handeln, aber auch um eine Parkbank. Im englischen kann das Wort „monitor" für einen Bildschirm/ein Anzeigegerät stehen oder für das Verb „überwachen".

- Homonymie:
  Ein Wort ist sowohl in gesprochener Sprache als in geschriebener Form mehrdeutig.

  Beispiel „vermisst".
  Bedeutung a) *Er vermisst seine Schlüssel*
  (Grundform: vermissen)

  Bedeutung b) *Er vermisst sein Grundstück*
  (Grundform: vermessen)

  Kompliziert wird es, weil wiederum die Grundform „vermessen" mehrere Bedeutungen hat:

  a1) etwas in seinen Maßen vermessen
  a2) etwas falsch messen
  b) sich überheblich auf die eigenen Kräfte oder auf das Glück verlassen

- Homographie (gleiche Schreibweise):
  Die Mehrdeutigkeit wird erst durch die Betonung eindeutig. Beispiel *modern*. Dieses Wort kann als Adjektiv oder als Verb stehen (mo'**dern** bzw. '**mo**dern).

- Synonym:
  Für eine Bedeutung oder Sache kann es mehr als ein Wort oder einen Satz geben. Bei Webbrowsern können wir von „Favorit" oder von der aus dem Englischen übernommenen „Bookmark" sprechen, und eine Website wird aktualisiert oder neu geladen. Sicher finden wir für einen veralteten Terminus einen neuen, z.B. wurde der Schokoladenriegel *Raider* eines Tages in *Twix* umbenannt.

- Homophonie (gleiche Lautung):
  Eine Wortform weist verschiedene Schreibweisen auf, hat aber die gleiche Lautung (*Mohr – Moor*). Dies kann für Corporate Speaking® wichtig sein. In Termbanken lassen sich daher auch Audio-Dateien über die Aussprache von Vokabeln integrieren.

Die Kunst der erfolgreichen Terminologie-Verwaltung liegt darin, Homographen und Synonyme unter Kontrolle zu bringen. Besonders wichtig ist dies bei Unternehmen, die mehrsprachig kommunizieren. Immer mehr Unternehmen aus dem deutschsprachigen Raum publizieren Inhalte auf ihrer Homepage auf Deutsch und Englisch. Unternehmen aus der Schweiz kommunizieren vielfach neben Deutsch, Italienisch und Französisch zusätzlich auch auf Englisch.

Aber selbst Unternehmen, die sich auf die deutsche Sprache beschränken, müssen sprachliche Besonderheiten kennen und berücksichtigen. Ein Einblick in die Komplexität der deutschen Sprache zeigt das Homographen-Wörterbuch (Heinz J. Weber, Berlin, 1996).

Selbst der aufmerksame Blick in ein deutsches Wörterbuch zeigt, was Mehrdeutigkeit heißen kann. Nehmen wir als Beispiel das Wort „hängen“:

1. **hängen (stark flektiertes Verb)**

1.a) mit dem oberen Ende an einer Stelle befestigt sein
Das Bild hängt an der Wand.

1.b) sich an etwas festhalten und von unten keinen Halt mehr haben
Der Bergsteiger hing an einem Felsen

1.c) sich an jemanden festhalten und schwer nach unten ziehen
jemandem am Hals hängen

1.d) an einem Fahrzeug befestigt sein und gezogen werden
Der Wohnwagen hängt am Auto.

1.e) angeschlossen sein
Die Computer hängen am Netz

2.a) vom Eigengewicht nach unten gezogen werden, ohne festen Halt herabhängen
die Zweige der Birke hängen bis auf der Erde

2.b) sich zur Seite neigen
die Waggons hängen nach rechts

3. unbeweglich in der Luft schweben

feuchte Nebel hängen über der Stadt

4.a) sich festgesetzt haben, haften

der Dreck bleibt in den Sohlen hängen

4.b) festhängen

mit dem Ärmel an einem Rosenstrauch hängen

4.c) nicht vorwärts kommen (umgangssprachlich)

die beiden Prozesse hängen

4.d) zurück sein, nicht mitkommen (umgangssprachlich)

in der Mathematik hängen

4.e) lange irgendwo bleiben und nicht weggehen (umgangssprachlich)

wir sind gestern in der Kneipe hängengeblieben

4.f) bei jemandem hängen (landsch.)

1. bei jemandem nichts gelten, nicht angesehen sein

2. bei jemandem Schulden haben

5. von jemandem/etwas abhängig sein

Es hat nur an einem einzigen Wort gehangen.

6. sich von jemandem/von etwas nicht trennen mögen

Sie hängen sehr an ihrer Mutter.

2. hängen (schwach flektiertes Verb)

1.a) jemanden/etwas mit dem oberen Ende an einer bestimmten Stelle frei beweglich befestigen

Das Bild an die Wand hängen.

1.b) hängen + sich: sich an etwas festhalten, dass man daran zu hängen kommt

sich an einen Ast hängen

1.c) hängen + sich: jemandem/etwas ergreifen und festhalten und mit seinem Gewicht nach unten ziehen

sich jemandem an den Hals hängen

1.d) etwas an einem Fahrzeug befestigen, um es zu ziehen

den Wohnwagen ans Auto hängen

1.e) anschließen

den Akku ans Ladegerät hängen

3. hängen lassen, schwer und schlaff nach unten bewegen, fallen lassen

den Arm aus dem Wagenfenster hängen

3.a) sich festsetzen, festkleben

der Lehm hängte sich an die Schuhe

3.b) dicht folgen, verfolgen

Der Detektiv hängte sich an den Dieb.

3.c) sich unaufgefordert einmischen (umgangssprachlich)

Er hängt sich in die Angelegenheiten anderer.

4. hängen + sich: sich jemandem einer Sache zuwenden, sich an jemandem emotional binden
   sich ans Leben hängen

5.a) mit einem um den Hals gelegten Strick an etwas aufhängen und dadurch töten
   jemanden an den Galgen hängen

5.b) sich erhängen
   er erhängte sich im Keller

(Quelle: Auszug aus: „Duden“, Mannheim, 1999)

Wichtig könnte der Umgang mit dem Wort „hängen“ zum Beispiel beim Verfassen von Gebrauchsanleitungen sein:

Den Akku an das Ladegerät *hängen*.

Alternativen:
Das Ladegerät mit dem Akku *verbinden*.
Das Kabel des Ladegerätes in den Akku *stecken*.

Auch in Geschäftsberichten von Dax-Unternehmen wird „hängen“ inflationär genutzt.

Beispiel 1
Unsere Geschäftsprozesse *hängen* in hohem Maß von IT-Diensten, Applikationen, Netzwerken und Infrastruktursystemen *ab*.

Alternative:
Unsere Geschäftsprozesse *bestimmen* in hohem Maß die IT-Dienste, Applikationen, Netzwerke und Infrastruktursysteme.

Beispiel 2
Insgesamt *hängen* unsere Umsätze von der weiteren Zinsentwicklung und dem Marktumfeld *ab*.

Alternative:
Insgesamt *beeinflussen* die weitere Zinsentwicklung und das Marktumfeld unsere Umsätze.

Beispiel 3
Kostenrisiken *hängen* mit dem Risiko *zusammen*, dass Verwaltungsaufwendungen höher als erwartet ausfallen.

Alternative:
Kostenrisiken sind mit Risiko *verknüpft,* dass Verwaltungsaufwendungen höher als erwartet ausfallen.

Aufschlussreich ist auch das Variantenwörterbuch des Deutschen, aus dem die Vielseitigkeit der Standardsprache in Österreich, der Schweiz und Deutschland sowie in Liechtenstein, Luxembourg, Ostbelgien und Südtirol hervorgeht (Ammon/Bickel/Ebner u.a., Berin, 2004.

Beispiel Substantiv „Kasse"

Kasse (D, CH)
1. verschließbarer Geldbehälter
2. Bereich der Registriergeräte in Geschäften, Kinos, Theater usw.
   dazu:
3. zur Verfügung stehendes Geld, Einnahmen

Kassa (A)
1. bis 3. wie D, CH
4. kurz für:
   Krankenkassa, [Post]Sparkassa

Beispiel Substantiv „Angebot"

Angebot, das (D)

Anbot, das (A) formell
Der Verwalter muss mehrere Angebote einholen.
Dazu: *Angebotseröffnung, Angebotsfrist, Angebotslegung, Angebotsstellung, Angebotsunterlagen, Kaufangebot*

Offert, das (A)
Fordern Sie ein unverbindliches Offert ein.
Dazu: *Billigoffert, Erstoffert, Offertwesen*

Offerte, die (CH)
1. schriftliches (Verkaufs)angebot
   Es wurden viele Offerten eingeholt.
2. (Stellen)bewerbung
   Bitte richten Sie Ihre Bewerbung an Herrn M. Er behandelt Ihre Offerte vertraulich.

Beispiel Adjektiv „lecker“

lecker (D) ohne Südost
appetitlich, appetitanregend, wohlschmeckend

In A, CH und D-Südost wird *lecker* als fremd empfunden, ist aber zunehmend gebräuchlich.

gustiös (A)
1. *appetitlich, appetitanregend, wohlschmeckend*
2. *ansprechend, angenehm*
   Beispiel: *Ein armeefreies Österreich wäre weniger gustiös für die Militärpakte.*

gluschtig (CH) Grenzfall des Standards
1. *appetitlich, appetitanregend, wohlschmeckend*
2. A-West und CH: *begierig, jemanden gluschtig machen*
   Beispiel: *Die Credit Suisse macht mit einer innovativen Hypothek gluschtig auf ein eigenes Häuschen.*
   in A-West auch in der Form von *glustig*

Beispiel Verb „hochfahren“

hochfahren (D, A)
Computer starten, Betriebssystem laden

aufstarten (CH)
Vielleicht sollte ich den Computer einfach nur neu aufstarten?

Beispiel Verb „fliesen bzw. kacheln“

fliesen (D)
Er flieste den Saunaboden.

kacheln (D, A)
Das Badezimmer wird schwarz auf rosé gekachelt sein.

verfliesen (A) sw.V.
Der Baustoff lässt sich auch direkt verfliesen.

plätteln (CH) sw.V.
Er begann das Badezimmer zu plätteln.

(Quelle: Auszug aus Variantenwörterbuch des Deutschen, Berlin, 2004)

Für all diese Besonderheiten und den damit verbundenen Herausforderungen für die deutsche oder mehrsprachige Unternehmenssprache bietet der begriffsorientierte Ansatz hierfür die beste Lösung. Dieser unterscheidet sich vom bekannten lexikalischen Ansatz in Wörterbüchern – gleich ob gedruckt oder online. Darin ist ein Lemma (bzw. seine schriftliche Darstellung wie das englische „*monitor*") Hauptankerpunkt zur Kennzeichnung eines Eintrags. Innerhalb dieses Eintrags finden wir eine Liste von Bedeutungen, wie zum Beispiel:

a) Substantive:
   Bildschirm, Klassenordner, Wächter, Abhöreinrichtung, Abhörgerät, Abhörung, Bildmonitor, Bildschirmeinheit, Bildschirmgerät, Bildschirmüberwachungsgerät, Datensichtgerät, Kontrollbildschirm, Kontrollgerät, Mithöreinrichtung, Monitor etc.

b) Verben:
   beobachten, abhören, beaufsichtigen, kontrollieren, mithören, überprüfen, überwachen etc.

Substantiv
Gerät zum Anzeigen von Informationen
1a) *Monitor*
1b) *Bildschirm* usw.

Verb
Tätigkeit des Überwachens und Aufzeichnen des Fortgangs einer Aktivität
2a) *beobachten*
2b) *kontrollieren* usw.

Man sieht an diesem Beispiel, dass hinter einem Eintrag mehr als ein einziger Begriff stecken kann. Stellen Sie sich vor, Sie müssen eine dritte Sprache hinzufügen oder die Sprachrichtung wechseln, wird es noch komplexer.

Beim begriffsorientierten Ansatz entspricht *ein* Eintrag *einem* Begriff. Dies bedeutet, dass ein Eintrag sämtliche Termini zur Beschreibung dieses Begriffs enthält und dazu alle damit zusammenhängenden Definitionen.

Integration in andere Anwendungen
Eines hat sich in der Praxis bestätigt: Je größer die Anzahl der internen und externen Mitarbeiter, die auf das System zugreifen können, desto größer die Investitionsrendite für das Unternehmen. Um die Benutzer auch zum Verwenden des Systems anzuhalten, empfiehlt es sich, Suchelemente in die jeweils bevorzugte Arbeitsumgebung zu integrieren. Bei den Technikern kann das eine CAD-Anwendung, bei Vertrieb oder Buchhaltung ein CRM-System und im Marketing ein Texteditor oder ein Layoutprogramm sein. Gern wird auch über einen firmenweit verfügbaren Browser zugegriffen. Auch hier findet sich eine Schnittstelle.

4.2.2 Stufe 2: Microsoft Word effizienter nutzen

Im Abschnitt „CW-Manual" und „Redaktionsleitfaden" haben wir Ihnen Grundlagen für Richtlinien und Empfehlungen und eine ganze Reihe von Möglichkeiten gezeigt, Ihre Kommunikation zu optimieren. Häufigstes Problem: Im Alltagsgeschäft geht das vielfach unter. Seit 1995 gibt es daher Corporate-Wording-Softwarelösungen, mit der sich die guten Vorsätze auch einfach umsetzen lassen.

Für effizientes, markentreues Texten empfehlen wir als Grundausstattung Microsoft Word – entweder in einer klassisch installierten Version oder nur die wichtigsten Komponenten von Word in einer Cloud-Lösung. Die von uns vorgeschlagene und von der Pintexx GmbH geschaffene Lösung hat den Vorteil, dass Word auch unabhängig vom Betriebssystem wie Mac oder Windows und unabhängig von der Hardware – ob PC, Mac, Tablet oder Smartphone – funktioniert. Am Arbeitsplatz, zu Hause, unterwegs während einer Geschäftsreise – an jedem beliebigen Ort, wo eine Internetverbindung besteht, kann diese Lösung genutzt werden.

Add-in für Textanalysen und -optimierung
Das Word Add-in „4D Wording Optimizer" für Microsoft Word wurde von uns konzipiert und gemeinsam mit Pintexx entwickelt. Die Software arbeitet mit unserem Content und eigens entwickelten Algorithmen, welche die Textqualität nach vier verschiedenen Dimensionen (Lesbarkeit, Konsistenz, Wortvielfalt und Emotionsgehalt) kontextbezogen bewertet. Man kann diese Lösung stationär oder im Netzwerk installieren und ebenfalls in der zuvor beschriebenen Cloud-Lösung nutzen. Rund ein Dutzend Analysefunktionen zeigen Stärken und Schwächen in Texten. Vier Dimen-

sionen, welche Einfluss auf die Textqualität nehmen, werden wie folgt gemessen:

1. Lesbarkeit:
   Das Add-in findet lange Sätze und Wörter, markiert Passivstil, prüft Textverständnis und schlägt Alternativen für Anglizismen und Helvetismen vor.

2. Konsistenz/Vereinheitlichung:
   Die Software markiert Wörter, die von Regeln des CW-Manuals abweichen und ersetzt diese durch korrekte Schreibweisen (Terminologie, Hausorthografie, Produkt- und Leistungsbezeichnungen, häufige Tippfehler, lesefreundliche Getrennt-/Zusammenschreibung etc.)

3. Wortvielfalt:
   Das Programm markiert Wortwiederholungen, erstellt aus einem Dokument eine Wörterliste nach Häufigkeit und Alphabet, zeigt Wörter an, zu denen sich Synonyme anbieten, und markiert Wörter, die seltener genutzt werden.

4. Emotionsgehalt:
   Mit einem Klick wird das Sprachklima ermittelt (rational, konservativ, intuitiv, emotional), Wörter werden nach der 4-Farben-Sprachmethode markiert, mögliche Wort-Alternativen angezeigt uvm.

Der 4D-Index – ein Farbbalken mit Farbverlauf Rot-Gelb-Grün und einer Zahlenskala von 0 bis 100 zeigt, wie effektiv Ihre schriftliche Kommunikation ist. Alles im grünen Bereich? Je weiter sich die Anzeige der 100 nähert, desto besser ist die Textqualität.

Folgenden Prüffunktionen können in Word – je nach Bedarf der Mitarbeiter – für Firmenlösungen aktiviert werden:

Textverständnis-Check: Dieser Check hilft Ihnen, präziser zu schreiben. Er stellt sicher, dass Ihre Nachricht in den Köpfen Ihrer Leser landet. Bevorzugen Sie konkrete Wörter vor abstrakten. Verwenden Sie einfache statt komplizierter Wörter. Der Check bietet auch einen Thesaurus mit vielen Alternativen.

Ziele:
klar, präzise, einfach und kurz schreiben

Vorher:
Die Gebäude zeichnen sich durch eine durchdringende Schärfe und Luzidität aus. Der Architekt ist ein Genie, ingeniös auf vielen Feldern.

Das Hotel befindet sich direkt am Strand, von dort aus ist der Hafen fußläufig in fünf Minuten erreichbar.

Nachher:
Die Gebäude zeichnen sich durch eine durchdringende Schärfe und Helligkeit aus. Der Architekt ist ein Genie, erfinderisch auf vielen Feldern.

Das Hotel befindet sich direkt am Strand, von dort aus ist der Hafen in fünf Minuten zu Fuß erreichbar.

Regel-Check: Eine vielseitige Sprache mit einer einheitlichen Terminologie ist von entscheidender Bedeutung für die Unternehmenskommunikation. Dieser Check stellt sicher, dass Ihre Produkte und Dienstleistungen korrekt benannt sind und in einer konsistenten Art und Weise geschrieben werden.

Ziele:
Textqualität verbessern, Übersetzungen vereinfachen.

Wortwiederholungs-Check: Diese Funktion kennzeichnet Wörter, die am häufigsten in Ihrem Dokument vorkommen. Wiederholungen können ermüdend auf den Leser wirken. Nutzen Sie den vielfältigen Wortschatz und Synonyme.

Ziele:
vielseitig und kurzweilig schreiben

Vorher:
... Ist das der Fall, wird eine Bestellanforderung angelegt. Das Einkaufssystem übernimmt die Informationen aus der Bestellanforderung und entlastet Sie auf diese Weise bei der Eröffnung von Bestellungen. Ebenso wie Bestellanforderungen können Sie Bestellungen selbst erzeugen oder durch das System automatische erzeugen lassen.

Nachher:
... Ist das der Fall, wird eine Bestellanforderung angelegt. Das Einkaufssystem übernimmt die Informationen aus dem Auftrag und entlastet Sie auf diese Weise bei der Eröffnung von Bestellungen. Ebenso können Sie Order selbst oder automatisch durch das System erzeugen lassen.

Wort- und Satzlängen-Check: Das Programm markiert Wörter mit mehr als 25 Buchstaben und Sätze mit mehr 250 Zeichen.

Ziele:
fördert die Lesefreude, vereinfacht Übersetzungen

Vorher:
a) *Auf jeder Trinkflasche befindet sich ein Sammelpunkt für Fußballländerspieltickets.*
b) *Einer der Perry-Rhodan-Scienefictionromanautoren lebt in Herrischried im Südschwarzwald.*
c) *Zur Unterstützung der Entwickler bei der Lösung von Problemen, die mit der verwandten Programmierumgebung zusammenhängen, wurde im Arbeitskreis ein Formular für den Fehlerreport und im Anschluss eine Applikation erstellt, die die Erfassung und die Recherche von Fehlermeldungen für die Anwenderinnen und Anwender in der Versuchsabteilung erleichtern soll.*

Nachher:
a) *Auf jeder Trinkflasche befindet sich ein Sammelpunkt für Tickets zum Fußball-Länderspiel.*
b) *Einer der Sciene-Fiction-Romanautoren von Perry Rhodan lebt in Herrischried im Südschwarzwald.*
c) *Im Arbeitskreis haben wir ein Formular für den Fehlerreport und eine Applikation erstellt. Ziel ist es, die Erfassung und die Recherche von Fehlermeldungen in der Versuchsabteilung zu erleichtern. So können die Entwickler Probleme leichter lösen, die mit der verwandten Programmier-Umgebung zusammenhängen.*

Passiv-Check: Das Add-in markiert alle Wörter, die mit -ung, -heit, -keit enden. Meist sind das ursprünglich Verben, die in ein Substantiv verwandelt wurden, und markiert Sätze, die mit *werden* gebildet wurden.

Ziel:
aktive Sätze forcieren

Vorher:
Der Gewinn an Flexibilität sorgt für Zeiteinsparung bei Planung und Arbeitsvorbereitung und macht viele Anschlussdosen überflüssig. Dies wurde von Testern der Handwerker-Zeitung bestätigt.

Die Tür wird von der Katze geöffnet.

Der Angeklagte wurde zu einer Geldstrafe verurteilt.
Der Text wurde analysiert.

Nachher:
Gewinn an Flexibilität: Sie sparen beim Planen und Vorbereiten der Arbeit Zeit. Viele Anschlussdosen sind überflüssig. Dies bestätigten die Tester der Handwerker-Zeitung.

Die Katze öffnet die Tür.
Der Richter verurteilte den Angeklagten zu einer Geldstrafe.
Ein Experte analysierte den Text.

Freundlich-Check: Das Programm markiert Wörter farbig, die häufig angenehm (grün) oder unangenehm (rot) wahrgenommen werden. In einer Infobox findet der Anwender entsprechende Hinweise.

Ziel:
ein angenehmes Gefühl vermitteln

Angenehm:
Die Präsentation war angenehm, die Gesprächspartner zeigten sich selbstbewusst. Ein neues Auto feierte Premiere. Manche empfanden das Design als ungewöhnlich. Andere meinten, es sei zu abstrakt. Man war sich sicher: Die Ähnlichkeit zu Konkurrenz-Modellen ist beträchtlich.

Unangenehm:
Die Präsentation war unangenehm, die Gesprächspartner zeigten sich verschlossen. Ein andersartiges Auto feierte Premiere. Manche empfanden das Design abstoßend. Andere meinten, es sei zu kalt. Man war sich unsicher: Ist die Ähnlichkeit zu Konkurrenz-Modellen nicht zu auffällig?

Thesaurus-Check: Das Add-in markiert alle Wörter, für die sich Synonyme anbieten.

Ziele:
mit einem reichhaltigen Wortschatz Kompetenz und Kurzweil signalisieren; treffende Worte einsetzen und von einer Farbe in eine andere – je nach beabsichtigter Wirkung und Zielgruppe – „übersetzen"

Vorher:
Die Atmosphäre der Präsentation war angenehm, die Gesprächspartner zeigten sich offen. Ein neues Auto feierte Premiere. Manche empfanden das Design abstoßend. Andere meinten, es sei zu abstrakt. Einig waren sich alle: Die Ähnlichkeit zu Konkurrenz-Modellen ist auffällig.

Nachher:
Das Ambiente der Präsentation war wohltuend, die Gesprächspartner zeigten sich selbstbewusst. Ein neues Kraftpaket feierte Premiere. Manche empfanden das Design als eine Beleidigung fürs Auge. Andere dachten, es sei zu irreal. Einig waren sich alle: Die Verwandtschaft zu Konkurrenz-Modellen ist beträchtlich.

Sprachklima-Check: Das Add-in markiert die Wörter nach der 4-Farben-Sprachmethode.

Ziele:
Kommunikation emotionalisieren, zielgruppengerechtes und markentreues Sprachklima forcieren

CW-Kompass-Auswertung: Das Add-in visualisiert das Sprachklima und zeigt, wie viele blaue, grüne, gelbe und rote Wörter in einem Text enthalten sind.

a) in absoluten Werten
b) in der Relation zum überwiegend rationalen Wortschatz

Ziel:
zielgruppengerecht und passend zu den Markenwerten kommunizieren

Word für strukturiertes Texten nutzen
Im Kapitel 3 stellten wir das Prinzip des strukturierten Textens vor. Zur technischen Umsetzung hat sich im angloamerikanischen Raum DITA durchgesetzt. Dieses Akronym steht für das standardisierte Dokumentenformat *Darwin Information Typing Architecture.* Es wurde von IBM und OASIS entwickelt und steht als kostenlose Dokumententypdefinition zur Verfügung. Diese Architektur basiert auf der Auszeichnungssprache XML zur Darstellung hierarchisch strukturierter Textdateien. Mit der Konferenz „Content Management Strategies/DITA Europe Conference" in München wurden im Jahr 2013 erste Brücken zwischen dem Dokumenten-

format und Customer Experience Management gebaut. Software-Hersteller versprechen eine Reihe von Vorteilen:

- Effizienzgewinn von 30 bis 50 Prozent bei der Entwicklung von (technischen) Informationen
- Effizienzgewinn oder Kosteneinsparungen von bis zu 30 Prozent beim Übersetzungsprozess
- neue Produktinfos in kürzeren Zeiten gleichzeitig mehrsprachig publizieren
- konsistentere Informationen

Dokumentenformate wie DITA unterstützen aus unserer Sicht die strategischen wie operativen CW-Ziele in einer Form, wie es bislang nur mit großem Aufwand möglich war: das automatisierte Zusammenführen von Informationen für unterschiedliche typologische Zielgruppen und die automatisierte Veröffentlichung in kundenrelevante Formate – ob Print oder Web, wie im Kapitel 3 allgemein dargestellt.

Wir empfehlen, diese Technologie in Word einzubinden. Das bietet sich aus unserer Sicht an, weil praktisch jeder Mitarbeiter im Unternehmen ohne XML-Kenntnisse auf einfache Weise strukturierte Inhalte erstellen kann. Die mit Word erstellten Inhalte können direkt in eine Dynamic-Publishing-Lösung eingespeist werden. Diese verbindet dann die Komponenten automatisch, aus denen dann Druckseiten oder digitale Versionen für unterschiedlichste Hardware generiert werden.

Wie bei den zuvor beschriebenen CW-Lösungen für Word, erstellt der Mitarbeiter Inhalte auf einer vertrauten und einfachen Benutzeroberfläche. Das Einfügen der Beschreibung von Informationseinheiten (Markup Tags) erfolgt im Hintergrund, so dass sich der Anwender auf den Inhalt konzentrieren kann. Mit dieser Lösung können Unternehmen die Vorteile des Dynamic Publishing in ihrem gesamten Unternehmen nutzen. Zu diesen Vorteilen gehören die Produktivität und die Kostensenkung, aber auch die steigende Kundenzufriedenheit, die aus der erhöhten Präzision, Konsistenz und Relevanz der Informationen entstehen.

Die Vorteile für Corporate Wording aus IT-Sicht:

- Höhere Produktivität:
  Entlastet die Mitarbeiter von der Formatierung, so dass sie sich auf das Schreiben konzentrieren können, und beschleunigt den Publishing-Prozess durch das Wiederverwenden von Inhalten.

- Benutzerakzeptanz:
  Erfordert minimalen Schulungsaufwand und kein Verständnis der technischen Aspekte von XML.

- Höhere Präzision der Inhalte:
  Verbessert die Präzision, die Konsistenz und die Relevanz der veröffentlichten Informationen, was die Unternehmens-Compliance und die Kundenzufriedenheit erhöht.

- Schnelle Implementierung:
  Erleichtert das Einführen des strukturierten Textens durch Integration mit Microsoft Word und die effiziente Ausgabe von Informationen in Print, Internet und elektronischen Medien. Bei einer Cloud-Lösung sind keine Installationen an den Arbeitsplätzen der Mitarbeiter nötig (externes Hosting oder interner Server möglich).

Die neuen Funktionen für strukturiertes Texten werden in Word erst dann sichtbar, wenn ein XML-Dokument neu erstellt oder ein vorhandenes bearbeitet werden soll. Während die meisten Word-Funktionen dem Mitarbeiter weiterhin zur Verfügung stehen, erscheinen zusätzliche Auswahlmöglichkeiten, die dafür erforderlich sind.

Auf einfache Weise können die im Kapitel 3 beschriebenen Standard-Tag-Sets genutzt oder eigene marketingspezifische Tag-Sets definiert und verwendet werden.

CW-Memory in Word einbinden

Auch wenn sich Informationsprozesse und -techniken in den vergangenen zwei Dekaden wesentlich verändert haben, so ist die Idee der modularen Textverarbeitung geblieben. Statt Textbausteine sind es nun Komponenten. Und Texthandbücher sind zu Datenbanken mutiert. Textmodule werden getrennt voneinander erstellt und in verschiedenen statischen Dokumenten und dynamischen Medien wiederverwendet.

Dies führte zur Idee des „CW-Memory“ und intelligenter Autorenunterstützung mit Hilfe von CAT-Software, wie in Kapitel 3 beschrieben. Unter Übersetzern sind die Begriffe *CAT* und *Translation Memory* allgemein bekannt, anders im Marketing und in der Unternehmenskommunikation, wie unsere Umfrage 2014 ergeben hat. Die Vorteile dieser Lösung aus IT-Sicht:

- Bereits erstellte Inhalte wiederverwenden, um nicht bei jedem Aktualisierungslauf den gesamten Textoptimierungsprozess neu aufrollen zu müssen.
- Zeitraubende Korrektur- und Prüfprozesse, in der die IT eingebunden ist, straffen.
- Vergabe von Textaufträgen zentral und transparent steuern.
- Schreibprozesse automatisieren, die Textproduktivität steigern und gleichzeitig Kosten senken.

CAT-Programme mit Memory-Funktion werden standardmäßig ohne Inhalte ausgeliefert. Wir haben daher Datenpakete entwickelt, mit denen man das CW-Memory befüllen kann. Zum Beispiel Textbausteine, die typologisch für die vier CW-Zielgruppen „übersetzt“ wurden. Als Service befüllen wir ein firmeninternes CW-Memory mit Content – so zum Beispiel mit textoptimierten Allgemeinen Vertragsbedingungen für Versicherungen oder den vorhandenen Bestand an Standardbriefen und Textbausteinen. Das hat den Vorteil, dass Mitarbeiter vom ersten Tag der Implementierung an die Vorteile des CW-Memorys nutzen können und es nicht erst über einen längeren Zeitraum Stück für Stück selbst befüllen müssen.

4.2.3 Stufe 3: Strukturierte Inhalte verwalten

Stellen Sie sich ein Unternehmen vor, dass 10.000 herkömmlich erstellte Dokumente künftig in strukturierte Inhalte zerlegen und die zuvor beschrieben Vorteile nutzen möchte. Unter Umständen müssen 150.000 Themen (Topics) und mehr erstellt werden, wie in Kapitel 3 beschrieben.

Jedes Topic kann mehrere Versionen umfassen (z.B. für unterschiedliche Zielgruppen). Außerdem kann ein Topic mit Datenvariablen verknüpft sein. Die Topics werden schließlich in Maps (Baupläne) eingegliedert. Und dem Ganzen noch die Krone aufzusetzen, müssen international agierende Unternehmen diese Inhalte in mehreren Sprachen parat halten.

Ein herkömmliches Content-Management-System ist für derart strukturierte Inhalte nicht konzipiert. Es kann einzelne Komponenten nur unabhängig voneinander verwalten und die Beziehungen zwischen den einzelnen Komponenten nicht nachverfolgen. Das ist vergleichbar mit einem Orchester, das für jedes einzelne Instrument einen eigenen Dirigenten benötigt. Stellen Sie sich das Chaos vor, wenn jeder Dirigent sein eigenes Tempo vorgäbe.

Daher benötigen Unternehmen ein „Component-Content-Management-System" (CCMS). Dieses CCMS kann man sich wie einen Dirigenten vorstellen, der die Instrumente eines Orchesters so koordiniert, dass alle Einheiten zusammenspielen. Der Dirigent hat sämtliche Noten im Blick und sorgt dafür, dass die verschiedenen Instrumente im Takt bleiben. Ein solches System nutzt den DITA-Standard, um die flexiblen Komponenten wie Topics und Maps in Beziehung zueinander zusammenhalten. Um diese verwalten zu können, benötigt das Unternehmen eine Technologie-Infrastruktur, mit der relevante Inhaltsbausteine je nach Eingabe oder Reaktion des Mitarbeiters oder Kunden in Echtzeit zusammengefügt und zielgruppengerecht bereitgestellt werden.

Damit dies richtig und auf sinnvolle Weise geschieht, braucht man eine Schlüsseltechnologie, welche die Content-, Web- und Print-Technologie unter einen Hut bringt. Es geht also um das Verwalten, Montieren und Liefern von schlanken kundenrelevanten Informationen.

Intelligente Unternehmenslösungen (Enterprise Software) unterstützen darüber hinaus die Projektkoordination, den freien Wissensaustausch unter Mitarbeitern sowie die interne und externe Kommunikation. Statt Hierarchie und Steuerzentralen wird damit die autonome Selbststeuerung von Teams möglich, in denen Manager moderieren und nicht führen.

Im Wesentlichen bietet solch eine Anwendung einen intelligenten Mechanismus, der den Input von Mitarbeitern, Kunden oder Interessenten empfängt und entscheidet, welche (Teil)-Inhalte wem „serviert" werden sollen. Um im Web „smart" zu sein, wird keine bereits vorbereitete statische Seite gezeigt, sondern der Mechanismus reagiert auf den Input und liefert in Echtzeit relevante Inhalte. Sie erfahren dazu mehr im Abschnitt „Live-Content", der Folgendes voraussetzt:

Kundenerfahrungen einfließen lassen

Customer Experience Management, CEM, dient dem Gewinnen und Halten von Kunden. Dazu müssen Kundenbeziehungen, Erfahrungen, Wünsche, Erwartungen, Interessen und Typologien bzw. Prototypen online wie offline erfasst werden. Ein Speichersystem-Hersteller schätzt, dass die Menge an Daten, die erstellt, vervielfältigt und konsumiert werden, im Jahr 2020 fünfzig Mal so hoch sind wie im Jahr 2010 (wir sprechen dann von einer Anzahl Bytes mit 21 Nullen). Die Geschwindigkeit ist atemberaubend und hat Folgen, die Unternehmen auch in einem CW-Projekt berücksichtigen müssen:

Kunden

- haben inkonsistente Erfahrung über alle Kanäle hinweg,
- werden mit irrelevanten Informationen überflutet,
- verlieren Loyalität zu einer Unternehmens-Website, da die Informationen für sie irrelevant sind,
- wollen sich beteiligen, aber Unternehmen bauen riesige Barrieren auf.

Unternehmen, die CEM bereits erfolgreich praktizieren, haben dies durch folgende Maßnahmen erreicht:

- Pull- statt Push-Kommunikation,
- Kundenerfahrungen aus der 360°-Grad-Perspektive beobachten, messen und auswerten,
- Fokus auf Kundenloyalität,
- neben dem Web weitere Kanäle nutzen,
- integrierte Kommunikation forcieren,
- aus Kundenerfahrung lernen und nur das an Informationen liefern, was benötigt wird,
- auf spontanes Kundenverhalten flexibel reagieren,
- Businessmodell verändern: Kundenerwartungen vor die Erwartungen der Produktentwickler rücken,
- Silos im Backend abbauen und vernetzen.

All dies erfordert den systematischen Aufbau eines Customer Experience Content Models, kurz CECM, zur transparenten Darstellung der Strategie für einen Markteintritt, Produkt- und Schlüsselkunden-Kategorien sowie Kundenprofile. Jede dieser Darstellungen muss Aufschluss darüber geben können, welche Inhalte dynamisch auf Kundenprofile zugeschnitten werden können.

Die meisten Unternehmen verfügen bereits über eine Markt-Segmentierung und Produktkategorisierung. Ein guter Ausgangspunkt für die Entwicklung eines CECM.

Live-Content generieren

Durch das Erfassen von Zielgruppen und deren Interessen, Verhalten, Erwartungen etc. ist es möglich, Inhalte für einen einzelnen Kunden in Echtzeit zu generieren. Live-Content ist eine intelligente und interaktive Plattform, auf der Inhalte nach Bedarf bereitgestellt werden. Dies stellt sicher, dass Kunden zu jeder Zeit und auf jedem Gerät aktuelle und für sie relevante Informationen erhalten. Unternehmen können damit eine Reihe von Geschäftsvorteilen realisieren:

- stärkere Kundenbindung durch intelligentes Bereitstellen von Inhalten, die auf den einzelnen Kunden zugeschnitten sind,
- gesteigerte Kundentreue und wiederholte Käufe durch schnelles Beantworten von Fragen,
- niedrigere Call-Center-Kosten durch den Ausbau von Self-Service-Optionen für Kunden,
- verbesserte Inhalte durch soziale Interaktion zwischen Textern und Konsumenten.

Live-Content ist für zwei Unternehmenstypen besonders interessant: für Unternehmen, die Produkte oder die Informationen verkaufen.

- Produktionsunternehmen:
  Unternehmen, die technische Produktinhalte wie Hilfen, Wissensdatenbanken oder Schulungsmaterialien erstellen, profitieren vom Live-Content.

- Medien- und Verlagsbranche:
  Ob Rechts–, Reise-, Ratgeber- oder Bildungsthemen – mit Live-Content lassen sich diese Inhalte schnell und einfach in den Online-Bereich verlagern und auf Kundenbedürfnisse zuschneiden.

Live-Content setzt sich aus dynamischen Inhalten zusammen, die mit Hilfe strukturierter Textmodule und CW-Vorgaben erstellt wurden. Erst beim Abruf der Inhalte entstehen die spezifischen Produkt- oder Leistungsinformationen. Per Pull-Verfahren werden Inhalte aus dem Datenspeicher extrahiert und in der Landessprache bereitgestellt, die der Benutzer bevorzugt. Die Kombinationsmöglichkeiten sind nahezu unbegrenzt:

- Bereitstellen attraktiver Multimedia-Inhalte durch Zusammenstellen von Animationen, Simulationen und Videos entsprechend der Kundenerwartungen.
- Suche innerhalb der Inhaltsstruktur auf Basis kundenspezifischer Daten reduziert Suchzeiten und beschleunigt Problemlösungen im Service.
- Out-of-the-Box-Unterstützung verschiedenster Geräte wie Smartphones und Tablets zusätzlich zu herkömmlichen Web-Kanälen.
- Nachverfolgen von Inhalten durch Analysen und Bereitstellen von Berichten zu Benutzerwünschen und Kunden-Feedback.
- Inhalt-Updates für schnelles und automatisiertes Verteilen nur der Informationen, die geändert wurden (inkrementell) ohne Inhaltsinkonsistenzen.
- Zugriff auf Schnittstellen für die einfache Integration in die vorhandene Infrastruktur wie Ersatzteilbestellung, Verkauf im Kundendienst und andere Unternehmenssysteme.

4.2.4 Stufe 4: Dynamische Kommunikation realisieren

Ein ineinandergreifendes Corporate-System von der Stange, das von strukturiertem Texterstellen über das Analysieren, Wiederverwenden bis hin zum Veröffentlichen alles bietet, gibt es nicht. Die Lösung kann aber mit vorhandenen Unternehmenssystemen und mit Bausteinen von Spezialsoftware verknüpft werden. Dies ist aus strategischer wie operativer CW-Perspektive heute schon machbar und sinnvoll. Textanalyse- und Optimierungstools, Termbanken, CW-Manual mit Redaktionsleitfaden und das CW-Memory lassen sich auf individuelle Weise nach Bedarf integrieren. Ein Corporate-System sollte sich aus folgenden Modulen zusammensetzen:

- Word-Editor
  Durch das Einbinden von Word können Mitarbeiter strukturierte Texte erstellen; XML/DITA lässt sich ohne oder mit sehr wenig Schulungsaufwand einfach implementieren.

- Desktop-Client
  Ermöglicht den Mitarbeitern eine Zusammenarbeit unabhängig vom Standort und den zentralen Zugriff auf Grafiken, Textmodule, Multimedia-Dateien etc. – dies verkürzt die Markteinführungszeit.

- Layout-Software
  Für das Erstellen und Veröffentlichen von Print-, Web- und sonstigen E-Inhalten; Content kann automatisch und dynamisch für mehrere Geräte in individuellen Formaten ausgegeben werden; wird ein Inhalt aktualisiert, werden die Änderungen in sämtlichen Medien übernommen.

- Web-Client
  Erlaubt orstunabhängig mit jedem Webbrowser das Einfügen und Bearbeiten von Inhalten in Echtbilddarstellung (WYSIWYG, „What You See Is What You Get"); so können auch externe Dienstleister Dokumente aus Vorlagen erstellen.

- Design-Renderer
  Erhöht die Identität durch durchgängigen Design-Auftritt und senkt die Kosten durch das Automatisieren.

- Prozess-Server
  Eine plattformunabhängige Anwendung verwaltet manuelle und automatisierte Publishing-Prozesse wie Projekte, Objekte, Versionen, Berechtigungen etc.

Daran andocken lassen sich Print-on-demand-Lösungen, wie man sie zum Beispiel von www.viaprinto.de, www.flinq.de oder www.quarkbrandmanager.com kennt.

Der Vorteil einer solchen Erweiterung: Von jedem Ort, der mit dem Internet verbunden ist, lassen sich regional angepasste oder individualisierte Materialien mit einheitlichem Auftritt herstellen. Es wird sichergestellt, dass das Erstellen und Publizieren von Marketing- und Vertriebsunterlagen die Corporate-Vorgaben einhält.

So funktioniert Print-on-Demand im Idealfall:

- Verantwortliche für CD und CW erstellen Vorlagen, die sicherstellen, dass alle Design- und Textelemente entsprechend konfiguriert sind, so dass sie den Richtlinien und Empfehlungen des CD- und CW-Manuals entsprechen.
- Die Workflow-Beteiligten Texter, Produktmanager, PR-Mitarbeiter, Verantwortliche der Rechtsabteilung etc. prüfen und korrigieren bzw. kommentieren neu erstellte Vorlagen – bei Bedarf per Filesharing gemeinsam.

- Nach Freigabe der Vorlage können interne ebenso wie externe, regionale Marketing- und Vertriebseinheiten die Vorlagen bestellen und ihren Bedürfnissen anpassen. Vorgaben für Schriftart, Slogan und Logo etc. sind unveränderbar.
- Außenstellen können einen örtlichen Druckanbieter oder spezialisierte Unternehmen nutzen. Wir haben für Kleinauflagen sehr gute Erfahrungen mit Viaprinto gesammelt und für Großauflagen zum Beispiel „Die Druckerei". Der Quark Brand Manager hat in sein System ein Druckereinetzwerk eingebunden (autorisierte Druckanbieter).
- Durch die Integration mit CRM-Systemen können regionale Teams vom Unternehmen gesteuerte E-Mail-Newsletter herstellen oder Direktmailing-Kampagnen mit personalisierten Landingpages oder sonstigen Mechanismen für Rückverfolgung einrichten (weitere Lösungen für den Aufbau eines dafür erforderlichen Kampagnen-Konfigurators siehe das Buch „Kundenkommunikation" von Andreas Förster, Frankfurt, 2014).

Eine auf das Unternehmen zugeschnittene Corporate-Management-Lösung kann die Komplexität, die Arbeitszeit und die rechtlichen Risiken von Dokumentinhalten beträchtlich verringern und die CW-Konsistenz und CW-Qualität messbar erhöhen. Versicherungskonzerne, Hotel- oder Versandhandelsgruppen, die mehrere Marken vermarkten, in mehreren Regionen oder gar weltweilt agieren und im Allgemeinen mehr als 100.000 Euro pro Jahr für Marketingmaterial ausgeben, sollten eine solche allumfassende Lösung in Betracht ziehen, denn dies kann zu Einsparungen im zweistelligen Prozentbereich führen.

Auch für kleinere Einheiten, die unter dem Druck stehen, in immer kürzeren Zeiten auf vielfältigste Kommunikationskanäle zielgruppengerecht zu agieren, wird sich eine automatisierte Lösung für das Corporate-Management rechnen, wenn allen in diesem Buch genannten Aspekten des CW-Fundaments, des CW-Kundenmodells, der CW-Textmethode und last but not least des CW-Engineerings genügend Beachtung geschenkt wird. Letztendich arbeiten Unternehmen damit effizienter und sie gewinnen Ressourcen.

In diesem Sinne wünschen wir Ihnen am Ende der vier Akte viel Erfolg – auch wenn es, frei nach Brecht, nun heißt:

Vorhang fällt und alle Fragen offen!?

Die häufigsten Fragen mit Hinweis auf Antworten finden Sie als Zugabe auf den nächsten Seiten. Auf weitere Fragen freuen wir uns, die wir Ihnen gern beantworten – sei es vor Ort, per Webmeeting oder per E-Mail: **dreinull@wording.de**

5 Zugabe: Die häufigsten CW-Fragen

Wir haben in den vergangenen zwei Jahrzehnten die häufigsten Fragen von Führungskräften und Sachbearbeitern aus Projekten, Seminaren und Textaufträgen aus über 700 Unternehmen zusammengetragen. Die Antworten darauf finden Sie in diesem Buch. Damit Sie diese auch direkt nachschlagen können, haben wir die entsprechende Stelle vermerkt.

5.1 Rund um das CW-Fundament

Sprache ist ein lebendiges Medium. Was hat sich in den vergangenen Jahren im CW geändert?
Customer Relationship Manager, Automobilbranche
→1.1.3 Die dritte CW-Generation (Seite 26)

Was sind die häufigsten Schwachstellen in der Unternehmenssprache?
Senior Coach, Change-Management
→1.3 Wann müssen Projektleiter handeln? (Seite 31)

Welche Bedeutung hat Sprache/Schreibkultur?
Mitarbeiterin der Unternehmenskommunikation Flughafen
→1.2 „Einheitliche Sprache" schafft keine Identität (Seite 28)
→1.3.1 Wieso mangelt es häufig an der Kommunikationsqualität? (Seite 34)

Rechtschreibung: Was tun gegen Anwendung mehrerer Schreibweisen? Kann man das mit einer To-do-Liste verhindern?
Marketingmitarbeiter Walzlagerhersteller
→1.2.2 Wortlaut regeln (Seite 29)

Wie kann ich die wichtigsten Dos und Don'ts für Texte möglichst konzernweit auf einfach Weise vermitteln?
Dokumentenmanager, Bank
→1.5.3 Stufe 3: Unternehmenssprache definieren (Seite 77)
→1.5.6 Identitätskommunikation bündeln (Seite 84)
→3.1.1 Texter-Regeln (Seite 130)

Wie finde ich einen modernen Schreibstil passend zum Unternehmen?
Mitglied der Unternehmenskommunikation, Hypothekenbank
→1.2.3 Sprachstil gestalten (Seite 30)
→1.5.3 Stufe 3: Unternehmenssprache definieren (Seite 77)

Gibt es so etwas wie typische CW-Fallen?
Leiter CC, Gartengerätehersteller
→1.3.5 Worauf müssen Projektleiter besonders achten? (Seite 45)

Wie kann ein durchgängiges CW in einem weitverzweigten Betrieb überhaupt organisiert werden?
Mitarbeiter Interne Kommunikation, Rückversicherung
→1.3.4 Projekte in Gang setzen (Seite 42)

Wie generiere ich mit CW einen Wettbewerbsvorteil?
Referentin, Weiterbildung
→1.4 Wie lässt sich die Identität mit CW stärken? (Seite 51)

Woran sollten sich Unternehmen orientieren, die ein CW-Konzept entwickeln?
Marketingleiter, Mode-Label
→1.5.4 Stufe 4: Markenwerte kommunizieren (Seite 78)

Wie sieht das ideale Projektmanagement aus, um CW strukturiert und schrittweise effizient und effektiv in Unternehmen einführen zu können?
PR-Leiterin, Verlag
→1.5 CW-Projekte in sechs Stufen (Seite 69)

Wie lassen sich CW-Standards, Themen und Medien für zielgruppenspezifische Kommunikation in einem Konzern unter einen Hut bringen?
Vertriebschef, Automobilzulieferer
→4.2 Kommunikation in vier Stufen industrialisieren (Seite 168)

Betrifft die Unternehmenssprache mehr die Korrespondenz oder ebenso die innere und äußere Kommunikation?
Freier Journalist
→1.5.2 Stufe 2: Maßnahmen für CW-Ziele festlegen (Seite 75)

Welche Hilfestellung gibt es, um unser Unternehmensprofil deutlicher darstellen zu können?
Marketing, Chemieproduzent
→1.5.3 Stufe 3: Unternehmenssprache definieren (Seite 77)

5.2 Rund um das CW-Kundenmodell

Gibt es Wörter, die besonders gut auf Kunden wirken?
Mitarbeiter PR, Energieversorger
→ 2.2.1 Die Wirkung von Wörtern intensiver nutzen (Seite 97)

Wie gestalte ich in Kundenbriefen einen optimalen Schluss, ohne mit dem abgedroschenen „verbleiben wir …"? Gibt es Beispiele?
Sachbearbeiterin, Kosmetikhersteller
→ 1.3.3 Warum muss Kommunikation persönlich sein? (Seite 38)

Wie schaffe ich es, dass der Leser sich für meine Texte interessiert und liest?
Marketingmitarbeiter, Mobilfunk
→ 3.1.3 4-Farben-Wortschatz (Seite 132)

Welchen Einfluss nehmen Wörter auf die Erwartungshaltung der Kunden?
PR-Leiter, Hersteller von Kompressionsstrümpfen
→ 2.2.6 Relevanz vor Aufmerksamkeit (Seite 115)

Kann man den Einfluss der Wörter auf Kunden messen?
Mitarbeiterin der PR, Schmuck und Accessoires
→ 2.2.1 Die Wirkung von Wörtern intensiver nutzen (Seite 97)

Was ist im Umgang mit Mehrsprachigkeit zu berücksichtigen?
Mediensprecherin, Krankenversicherung
→ 4.2.1 Stufe 1: Terminologie managen (Seite 168)

Wie lassen sich Zielgruppen besser erreichen?
Verlagsleiter, Wirtschaftsverlag
→ 2.3 Von der CW-Typologie zu CW-Prototypen (Seite 125)

Corporate Wording und unterschiedliche Zielgruppen: Wie passt das zusammen?
Mitarbeiterin Kommunikation, Industriegewerkschaft
→ 2 Das CW-Kundenmodell (Seite 91)
→ Live-Content generieren (Seite 193)

5.3 Rund um die CW-Textmethode

Effizient und dennoch kreativ. Wie geht das?
Werbeleiter, Heizungstechnologien
→ 3.2.1 Neue Kundenansprüche erfordern neues Texten (Seite 143)

Wo finde ich Anregungen und Übungen zur ansprechenden Textverfassung und -gestaltung?
Marketingmitarbeiter, Automobilkonzern
→ 3.1 CW-Startpaket: Arbeitshilfen für Mitarbeiter (Seite 130)

Wie können unsere Mitarbeiter beim Texten schneller und besser werden?
Prospektkoordinator, Kommunikation und PR
→ 3.2 Kompetenzen für CW 3.0 erlangen (Seite 142)

Sind geschriebene und gesprochene Sprachkultur ein gemeinsames Thema?
Marketingleiterin, Telekommunikation
→ 1.1.1 Corporate in bester Gesellschaft (Seite 12)

Wie erstelle ich kreative Texte, wenn mir die Grundidee fehlt?
Marketingmitarbeiterin, Bausparkasse
→ 3.1.3 4-Farben-Wortschatz (Seite 132)
→ 3.1.5 Anleitung 4-Farben-Briefe (Seite 139)
→ 3.1.6 Anleitung 4-Farben-Flyer (Seite 140)

Wie kann ich meine eigenen Texte objektiv bewerten?
Leiter Marketing und Kommunikation, Vorsorgeversicherung
→ 2.2.3 Verständnisqualität statt Verständlichkeitsformeln (Seite 106)
→ Add-in für Textanalysen und -optimierung (Seite 182)

5.4 Rund um das CW-Engineering

Wie erreicht man durchgängige Unternehmenssprache im Web und in Printprodukten (Content Management)?
Marketingverantwortliche, Investitionsbank
→4 Das CW-Engineering (Seite 163)

Ist es sinnvoll, eine Art „Wörterbuch" der einheitlichen Sprache einzuführen?
Unternehmenskommunikation, Wertpapierbörse
→4.2.1 Stufe 1: Terminologie managen (Seite 168)

Wir sind ein Schweizer Unternehmen. Wie können wir mit „helvetischer" Sprache umgehen?
Marketingmitarbeiter, Finanzdienstleister
→4.2.1 Stufe 1: Terminologie managen (Seite 168)

Wie bringt man Mitarbeiter dazu, die oft schon mit Orthografie und Interpunktion erhebliche Schwierigkeiten haben, eine bestimmte Unternehmens-Tonality einzuhalten?
Leiter Unternehmenskommunikation, Landesbank
→4.2.2 Stufe 2: Microsoft Word effizienter nutzen (Seite 182)

Was ist guter Stil, wenn man das subjektive Empfinden außer Acht lässt, und wie kann man seinen persönlichen Stil mit Software optimieren?
Werbeleiter, Sanitärinstallationen
→1.2.3 Sprachstil gestalten (Seite 30)
→Add-in für Textanalysen und -optimierung (Seite 182)

Welche Anregungen und Tools gibt es zur Wortschatzerweiterung?
Senior Product Managerin, Zahnpflegeprodukte
→Termbanken für die 4-Farben-Sprache nutzen (Seite 173)

Unsere Texte sollen ein spezielles Profil haben. Gibt es ein Werkzeug, mit dem ich prüfen kann, ob der Text zum Unternehmen passt?
Werbeleiter, Landestourismus
→1.5.3 Stufe 3: Unternehmenssprache definieren (Seite 77)
→Add-in für Textanalysen und -optimierung (Seite 182)

Wie kann ich Texte am einfachsten pflegen und aktualisieren (Broschüren, Internet etc.). Gibt es hier Lösungen, die das Leben erleichtern?
Mitarbeiterin Unternehmenskommunikation, Chemiekonzern
→3.2.3 Schnellkurs: Computergestütztes Texten (Seite 156)
→CW-Memory in Word einbinden (Seite 189)

Wie lassen sich alte Datenbestände mit redundanten Inhalten am besten bereinigen?
Content Manager, Versicherung
→4.2 Kommunikation in vier Stufen industrialisieren (Seite 168)

Wie schaffe ich mir bei ca. 1.800 System-Druckstücken, 400 WordBrief-Vorlagen und 100 lokalen Druckstücken durch eine „Text-Kultur" einen USP gegenüber dem Wettbewerb?
Dokumenten-Managerin, Direktversicherung
→1.1.2 Kommunikation industrialisieren? (Seite 23)
→4.1 Individualisieren durch standardisieren (Seite 164)

Wie lässt sich erreichen, dass in großen Unternehmen Informationen aus verschiedensten Bereichen untereinander abgestimmt werden (Volumen und Komplexität durch Redundanz vermindern)?
Konzernkommunikationsleiterin, Telekommunikation
→1.3.5 Worauf müssen Projektleiter besonders achten? (Seite 45)
→4.2.4 Stufe 4: Dynamische Kommunikation realisieren (Seite 194)

Wie können „Textkonserven" sinnvoll verwaltet und eingesetzt werden?
Mitglied der Geschäftsleitung, Schweizer Banken-Gruppe
→4.2.3 Stufe 3: Strukturierte Inhalte verwalten (Seite 190)

Welches Konzept gibt es, wenn Englisch Unternehmenssprache ist (wir sind ein deutscher Global Player)?
Technischer Redakteur, Zahntechnik
→4.2.1 Stufe 1: Terminologie managen (Seite 168)

Wie kann man Corporate Wording über eine technische Plattform industrialisieren?
Leiter Unternehmenskommunikation, Finanzdienstleister
→4.2.4 Stufe 4: Dynamische Kommunikation realisieren (Seite 194)

6 Literatur

Ammon/Bickel/Ebener u.a. (2004): Variantenwörterbuch des Deutschen. Berlin

Bleicher, Knut (2011): Das Konzept Integriertes Management. Frankfurt/New York

Förster, Andreas (2014): Kundenkommunikation, Frankfurt am Main

Förster, Andreas/Förster Hans-Peter (2013): Colorword Communication. Raleigh (USA)

Förster, Hans-Peter (1994): Corporate Wording, Konzepte für eine unternehmerische Schreibkultur. Frankfurt am Main/New York

Förster, Hans-Peter (2000/12. Auflage 2012): Texten wie ein Profi. Frankfurt am Main

Förster, Hans-Peter (2001): Corporate Wording, Strategiebuch. Frankfurt am Main

Förster, Hans-Peter/Thiermeyer, Michael/Rost, Gerhard (2010): Corporate Wording, Die Erfolgsfaktoren für professionelle Kommunikation. Frankfurt am Main

Förster, Hans-Peter (2011): Handbuch Texten wie ein Profi. Frankfurt am Main

Groeben, Norbert (1982): Leserpsychologie: Textverständnis – Textverständlichkeit. Münster

Kroeber-Riel, Werner (1996): Bildkommunikation. München

Langer/von Thun/Tausch (1991): Sich verständlich ausdrücken. München

Pawlik, Johannes (1992): Goethe Farbenlehre, Didaktischer Teil. Köln

Scholze-Stubenrecht, Werner (Projektleiter) (1999): Duden, das große Wörterbuch der deutschen Sprache in 10 Bänden. Mannheim

Schröder, Tobias (2009): Die Theorie der Affektsteuerung als allgemeine Theorie der sozialen Interaktion, Dissertation an der Humboldt-Universität. Berlin

Weber, Heinz J. (1996): Homographen-Wörterbuch der deutschen Sprache. Berlin

7 Stichwortverzeichnis

8 Die Autoren

Andreas Förster
ist Corporate Wording-Juniorpartner. Er ist Co-Autor mehrerer Fachbücher und Nachschlagewerke. Mit neuen Akzenten entwickelt er Strategie, Methode und Software-Tools rund um die 4-Farben-Sprachmethode weiter. Seine Erfahrungen als Mitglied der Digital-Native-Generation fließen ebenso in die Entwicklung von Blended-Learning-Studienprogrammen für Hochschul-/Business-School-Absolventen mit ein. Als Autor von „Kundenkommunikation" hat er mit seinem Customer Translation Managementmodell neue Wege der Generation 3.0 beschritten.

Hans-Peter Förster
Der Frankfurter Allgemeine Buch-Bestsellerautor (Texten wie ein Profi, 12. Auflage) ist Experte für Unternehmenssprache und Begründer von Corporate Wording und der Methode der „4-Farben-Sprache", freier Fachjournalist (über 25 Jahre DJV), Autor von über 40 Büchern und Lehrbeauftragter für Corporate Wording an der OTH Ostbayerischen Technischen Hochschule in Amberg-Weiden. Für herausragende fachliche sowie methodisch-didaktische Leistungen wurde er von der ZfU International Business School mit dem Teaching Award in Gold ausgezeichnet.

Förster & Förster
geben ihr Wissen rund um Corporate Wording in Projekten, Seminaren, Vorträgen und Workshops weiter und beraten Unternehmen in der Kundenkommunikation.